国家出版基金项目
NATIONAL PUBLICATION FOUNDATION

揚子江水利考

鍾歆◎著

山西出版傳媒集團
山西人民出版社

圖書在版編目(CIP)數據

揚子江水利考 / 鍾歆著. -太原: 山西人民出版社, 2014.12(2024.2重印)
(近代名家散佚學術著作叢刊 / 許嘉璐主編)
ISBN 978-7-203-08763-2

Ⅰ. ①揚… Ⅱ. ①鍾… Ⅲ. ①長江-水利史
Ⅳ. ①TV882.2

中國版本圖書館CIP數據核字(2014)第234746號

揚子江水利考

主　　編　許嘉璐
著　　者　鍾　歆
責任編輯　梁晉華

出 版 者　山西出版傳媒集團·山西人民出版社
地　　址　太原市建設南路21號
郵　　編　030012
發行營銷　0351-4922220　4955996　4956039　4922127(傳真)
天猫官網　https://sxrmcbs.tmall.com　電話　0351-4922159
E-mail　sxskcb@163.com　發行部
　　　　　sxskcb@126.com　總編室
網　　址　www.sxskcb.com

經 銷 者　山西出版傳媒集團·山西人民出版社
承 印 廠　山西出版傳媒集團·山西新華印業有限公司

開　　本　700mm×970mm　1/16
印　　張　15
字　　數　154千字
版　　次　2014年12月　第1版
印　　次　2024年2月　第二次印刷
書　　號　ISBN 978-7-203-08763-2
定　　價　75.00圓

《近代名家散佚學術著作叢刊》編委會

出版説明

近代名家散佚學術著作叢刊選取一九四九年以後未再刊行之近代名家學術著作共二百二十册，編例如次：

一、本叢書遴選之著作在相關學術領域具有一定的代表性，在學術研究方向、方法上獨具特色。

二、爲避免重新排印時出錯，本叢書原本原貌影印出版。影印之底本皆經專家組審定，原書字體大小，排版格式均未做大的改變，原書之序言、附注皆予保留。

三、本叢書分爲八大類，以作者生卒年編次。

四、爲使叢書體例一致，本叢書前言後記均采用繁體字排版。

五、個别頁碼較少的版本，爲方便裝幀和閲讀，進行了合訂。

六、少數學術著作原書内容有個别破損之處，編者以不改變版本内容爲前提，部分進行修補，難以修復之處保留缺損原狀。

七、原版書中個别錯訛之處，皆照原樣影印，未做修改。

八、所選版本之抽印本頁碼標注，起始至所終頁碼均照原樣影印，未重新編排標注新頁碼。

由於叢書規模較大，不足之處，殷切期待方家指正。

總序／披沙瀝金，以爲鏡鑒

◇許嘉璐

多年來有一個問題始終在我腦中盤桓：爲什麼在十九世紀末到二十世紀初，在短短的幾十年裏，中國的各個學術領域竟涌現了那麼多大師級的人物？這是中國近代史上一個極爲重要的現象，我認爲，如果不能給出令人滿意的答案，我們撰寫的近代學術史將是不完整的，甚至是缺乏靈魂的。後來我知道，著名人類學家克羅伯曾提出過一個問題：爲什麼天才成群地來？看來這種現象的出現並非中國所獨有，思考其所以然的也大有人在。而在那一次世紀之交中國的情況，似乎應驗了「天才成群地來」這個令克氏久久不解的疑問。錢學森先生曾從相反的方向提出了相同的疑問：爲什麼我們這個時代出現不了杰出人才？後來人們稱這個問題爲「錢學森之謎」。

要回答這些疑問不是件容易的事。與其迅速地囫圇地探尋，不如先多了解那些讓中國近代學術（應該包括人文科學和自然科學）史上閃耀着光輝的大師們的作品和自述，從而在腦海里盡量「復原」他們所處的環境和在那種環境下的心理路徑，從中或許可以得到一些啓示。

有一點是顯然的，這就是他們雖然都已遠離塵世而去，但是他們獨立思考的品性、求知治學的真誠、困厄窮愁中對節操的堅守，恐怕是他們共同的主觀因素，一直影響到現在，而且將會永遠留存下去。

就思想界、學術界而言，二十世紀上半葉是一個新説和舊説碰撞，中學和西學融匯的大時代。那時的學人極爲重視言行操守，同時具備現代知識分子的理想信念；他們的學術研究十分純凈，絶少功利因素；他們的視界開闊，以包容的心態和嚴謹的風格造就了成果的大氣與厚重。至於在客觀因素一面，他們實際是在用工業化時代的事實解説着太史公所説的名山之作「大抵聖賢發憤之所爲作」，困厄苦難使得他們「皆意有所鬱結」。這種鬱結，幾乎和個人的名利毫無牽涉，他們永遠不能釋懷的，是民族的存亡、國運的興衰、民衆的福禍和文脈的續斷。

那個時代也是近代歷史上最大規模的中西古今學術調適、創新的時期，學術方法上的交互滲透和融合、創新亦可謂「於斯爲盛」。斯時之學人是要在封閉的屋墻上鑿出窗子的勇士，是使人能够看看外部世界的第一批導夫先路者；或者可以説，他們是在「意有所鬱結」時「彷徨」和「吶喊」的「狂人」。

相對於那時的哲人們，後來者是幸運兒。現在的形勢是，近三十年來學界空前繁榮，衆多學科有了長足之進，其中很重要的一點是學界有了更新穎、更廣闊的國際視野，似乎接續上了百年前的學壇盛事。但細想想，「古」與「今」還是有差别的。其异，主要不在於世界情勢、學術進展、工具改善這些客觀存在，而在於在廣泛吸收各國優長的同時，自身文化的主體性越來越受到重視，换言之，「拿來主義」已經延長了「拿來」的程序，加上了試用、甄别、篩選、吸收、融合、成長。就我孤陋所見，在當今地球上，面向所有異質文明，努力汲取我之所缺，其範圍之大和心態之切，似乎無出中國之右者。從這個角度説，我們已經超越了前輩。但是事情還有另外一面，學術，特别是人文學科，其職業化、「沙龍化」和功利性，以及隨之而來的浮躁病却嚴重了。從這個角度説，是不是我們已經後退得够可以的了？而這是不是我們這個時代出不了大師的原因之一呢？

民國學術界的特點之一是極爲注重對傳統的反省、批判與繼承。他們對傳統文化盡最大的努力進行整理和研究。一方面，由於戰亂頻仍，民不聊生，學者們擔起了讓中華文化薪火相傳的歷史責任；另一方面，他們要通過對中國傳統文化的整理、挖掘來重振民族自信心。這一時期對傳統文化進行整理的全面而深入是前所未有的，舉凡文字學、語言學、經濟學、法學、哲學、政治制度、書法繪畫、金石學……規模之宏大，研究之精微，令人嘆爲觀止。

民國學術推動了現代學科體系的建立。在對傳統文化整理和研究的基礎上，吸收西方的文化思想和理念，推動和建立了中國現代學科體系。例如，在對語言文字和音韵學成果進行整理、研究的基礎上開始着手規範之，建立了國語學；深入研究書法、國畫，將其融入了現代美術學科；在廢除舊有學制後逐步建立起小、中、大學較完整的科目和學科體系。

民國學術也改變了傳統學術方式，建立了新的研究範式。以現代科學考古爲發端，科研的實踐和成果使中國知識界真正認識到在實驗、比較基礎上的邏輯分析對學術研究的重要，推進了中國學術的一大演變。至於我們常説的打破士大夫傳統、走出書齋到田野鄉村和市民中進行調查研究、結束了經學時代、以歷史眼光檢視儒學和諸子等等，都是確立新學術範式的努力。這一轉變，也標誌着中國學術界脱胎换骨，全面進入了現代，爲此後的學術發展奠定了堅實的基礎。當然，西方啓蒙運動以來，在「現代性」和「現代化」裏潛伏着的缺陷和謬誤也傳到了中國，這些不能不在前哲的著作裏留下痕迹。這並不奇怪。類似的情況，古往今來孰能免之？猶如今天的我們，誰敢自稱我之所見就是永恒的真理？在這個問題上兩個時代所異者，或許就在昔時大家創立新説或譯註西學著作，往往是懷着對學術和前哲的敬畏而爲之，故而常常誤不在我；當今則往往出於對學問和他人的輕蔑，或以所研究的對象爲謀己的工具，因而難辭主觀之咎吧。翻閱他們的心血之作，這些復雜的狀况可以顯見，可以視之爲我們的一面鏡子。

滄海桑田，世事變幻，歷史的動盪和時代的遮蔽，使當年許多大師的一些極有價值的學術著作被棄於故紙堆中，不能不令人有遺珠之憾。爲此，山西人民出版社不惜以數年之艱辛，披沙瀝金，編輯出版這套近代名家散佚學術著作叢刊，凡一百二十册，計文學、史學、政治與法律、美學與文藝理論、民族風俗、宗教與哲學、經濟、語言文獻共八大類别。所選皆爲作者之純學術著作，無論是其見解、精神，抑或是其時代烙印，都是後輩學人可資借鑒的寶貴財富。他們出版這套叢書，意在讓世人不忘來程，知篳路藍縷之不易，爲民族文化的傳承再增薪木。

出版社的初衷，與我近年來所思所慮近似，故願略述淺見於書端，以與策劃者、編輯者和讀者共勉。

二〇一四年七月六日

改定於自安東回京途中

前言

◇汪高鑫

中國近代的歷史，交織着多重矛盾。有傳統社會所具有的階級矛盾，有因帝國主義入侵而激化的民族矛盾，還有新舊思想觀念的矛盾，等等。正是社會矛盾的激盪，促進了近代社會的運動、嬗變與轉型，帶動了社會各種思潮的不斷涌現，進而引發了各種史學思潮的興起和近代史學的發展。一言以蔽之，近代中國史學與史學思想的發展變化，與近代中國社會的變遷是休戚相關的。

民國時期的社會變遷與轉型，直接促成了民國史學的發展和史學觀念的改變以及史學方法的創新。縱觀民國時期社會變遷與史學的發展，大致可以劃分爲兩個時期，第一個時期從一九一二年民國成立到一九三七年抗戰爆發，第二個時期從一九三七年抗戰爆發到一九四九年新中國成立。

第一個時期，中國社會的變遷大致經歷了從中華民國建立到北洋軍閥統治、從五四運動的爆發到兩次國內革命戰爭兩個階段。與此相對應，民國史學的發展也緊隨時代變化，明顯呈現出時代特徵。

在第一個階段，中國爆發了辛亥革命，結束了兩千多年的帝制統治，建立了資産階級民主共和體制的中華民國，然而資産階級臨時政府的權力很快又落入到袁世凱北洋軍閥手裏，中國政治進入了北洋軍閥黑暗統治時期。以梁啓超爲代表的一些早期提倡新史學的史家，因爲對袁世凱政府抱有幻想，而參加了北洋軍閥政府，由於忙於事務性的工作，早前由他們發動的資産階級新史學工作因此被耽擱了。這一時期新史學流派的歷史研究没有取得什麽實質性的成果。

北洋軍閥政府的獨裁統治與尊孔復古，激起了全社會的反抗，隨着維護資産階級民主共和的護國運動和護法運動的相繼開展，思想文化領域反對尊孔復古的新文化運動也於一九一五年開始廣泛開展起來，「民主」與「科學」便是這一運動所打出的旗幟。與此同時，大概自一九一六年以後，隨着一些留美、日、歐學生先後歸國，帶來了各種資産階級新思想。一時間，各種西方新學説不斷涌入，如英國羅素的社會改良主義、法國柏格森的生命哲學、德國李凱爾特的新康德主義、美國杜威的實用主義、馬克思主義，如此等等，當時中國的思想界可謂非常活躍。這些新學説、新思想的涌入，大大激發了這一時期中國史學家們的史學思想與歷史研究，各種新的史學研究方法得到介紹和提倡，史學出現了新的氣象。

從新文化運動到一九一九年五四運動時期，史學的代表人物主要有胡適、王國維、李大釗等人。胡適一九一七年留美回國後，很快成爲新文化運動的代表人物之一。在治學方法上，他將美國學者杜威的實驗主義運用到史學研究當中，於一九一九年提出了「大膽的假設，小心的求證」的治史方法和「整理國故，再造文明」的口號，發表了中國哲學史大綱這一以實驗主義研究中國歷史的示範之作，由此開啓了近代中國實證主義史學。王國維一九一六年留日歸國後，致力於甲骨文、今文和古器物考釋等的研究，一九一七年寫成的殷卜辭中所見先公先王考、殷周制度論，是考古學與歷史學相結合的開創性的研究成果。胡適與王國維等人的史學研究與方法，開創了近代中國史學研究的新範式。李大釗是近代中國第一個傳播馬克思主義的史學家。他於一九一六年留日歸國後，便積極投身於新文化運動中。當年發表了長文民彝與政治，從學理上論述如何根除帝制獨裁問題；次年發表了自然的倫理觀與孔子，對北洋軍閥政府尊孔復古進行抨擊；一九一九年在新青年上發表了我的馬克思主義觀，開始係統介紹馬克思主義史學理論，由此奠基了中國馬克思主義歷史觀。

第二個階段，爲中國兩次國内革命戰争時期。第一次國共合作北伐，取得了反對北洋軍閥統治的勝利；第二次國共内戰，其間日本帝國主義不斷擴大侵華，民族危機日益加重。盡管這一時期的中國戰亂不已，國家還面臨着嚴重的民族危機，卻是民國史學大發展時期；而造就這種大發展的原因，既有五四新學術思想的持續爆發的因素，也與二十世紀二三十年代社會變遷密不可分。

二十世紀二三十年代民國史學的大發展，突出表現在新歷史考證學上，這顯然是對五四時期開啓的實證史學的繼續和發展。一九一九年底，胡適發起「整理國故」運動，從歷史學的角度提出「整理國故」的步驟與方法，繼續宣揚他的所謂學術求真。胡適認爲，「整理國故」的目的在於學術求真，並非現實致用，並提出了「整理國故」的四個具體步驟：第一步是條理系統的整理，第二步是尋出每種學術思想發生原因和效果，第三步是要用科學的方法做精確的考證，第四步是綜合前三步的研究還他一個本來面目。應該説胡適的「整理國故」對於歷史研究有着方法論的意義。受胡適疑古實證思想影響的顧頡剛，在史學上的突出成就和影響，是提出「層累地造成的中國古史」的觀點，以及創辦古史辨，推動中國古史的研究。顧頡剛古史辨的具體成就，除去提出「層累地造成的中國古史」的命題，還揭示了三皇五帝古史係統由神話傳説層累造成，打破了民族出於一元和地域向來一統的傳統説法，以及對古書著作時代的大量考訂。顧頡剛的治史宗旨，用他自己的話來説，就是「只當問真不真，不當問用不用」（注一）。傅斯年曾經留學德國，深受西方蘭克「史料即史學」的實證主義影響。一九二八年創辦中央研究院歷史語言研究所，大力宣揚蘭克史學思想。按照傅斯年的説法，「學問之道，全在求是」（注二），一分材料只能説一分話，史學便是史料學。王國維在這一時期的歷史考證涉獵廣博，於漢晉木簡研究有流沙墜簡考釋、墜簡考釋補證和簡牘檢署考，於敦煌寫卷研究有與羅振玉合編的敦煌石室遺書，於甲骨文等古文字研究貢獻尤大。在治史方法與理論上，王國維的

「二重證據法」之「古史新證」理論，對於民國史學的影響極大。陳垣這一時期的治史集中於宗教史和文獻學。於宗教史上，從一九一七年至一九二三年，他先後發表了元也里可溫考、開封一賜樂業教考、火祆教入中國考和摩尼教入中國考，合稱「古教四考」；於文獻學上，他對目録學、年代學、史諱學和校勘學等領域多有建樹。陳垣治史以重史源、講類例爲其特點。以上史家雖然治學方法與特點不盡相同，但都以考證見長。

這一時期「新史學」史家的史學研究與方法也取得了一定的成就。梁啓超這一時期的史學研究可謂多産，從一九二〇年至一九二七年，先後發表清代學術概論、先秦政治思想、中國歷史研究法及補編、中國近三百年學術史和古書真僞及其年代等，治史重點在學術史與方法論。與當年發起「新史學」相比，梁氏這一時期的史學研究呈現出廣疏多變的特點。何炳松在「新史學」思潮中可謂獨樹一幟，他於二十世紀二三十年代中國史學界的最大影響，便是對魯濱遜新史學的介紹和評論。何炳松係統闡發了「新史學」的「綜合史觀」，主張歷史研究要反映人類活動的全部，史學研究的方法應該多元化，如統計學的方法、生物學的方法等等，要綜合利用各種學科的成果特别是新學科的進展開展歷史的研究，並表達了對於歷史學的意義、價值和發展前景的看法。

與此同時，這一時期的馬克思主義史家對歷史學的研究繼續做出了貢獻。一九二四年，李大釗出版史學要論，運用唯物史觀對歷史、歷史學、歷史學的係統、史學在科學中的地位、史學與其他相關學科之間的關係、現代史學的研究及於人生態度的影響等史學基本理論問題作了闡述。一九二七年大革命失敗後，一些關注中國前途與命運的學者受到困惑，於是一場關於中國社會性質的大論戰逐漸開展起來。馬克思主義史家積極參與其中，郭沫若便是其中的杰出代表。一九三〇年，郭沫若出版了中國古代社會研究一書，這是民國時期中國第一部運用唯物史觀分析、解剖中國古代社會的著作。該書以物質資料生産方式的發展和變革來解釋中國古代社會歷史發展的全過程，論證中國歷史發展與世界歷史發展的共同性，對中國古史分期提出了自己獨創性的看法。參與社會史大論戰的馬克思主義史學家還有呂振羽、何幹之、翦伯贊、侯外廬、鄧拓等人。但總體來看，與歷史考證學派相比，這一時期的「新史學」派和馬克思主義史學派並不佔據主流。

第二個時期，中國經歷了抗日戰爭和解放戰爭，民國史學在這個時期的表現有兩個顯著特點：其一是緊緊服務於抗戰的需要而出現的抗戰史學；其二是馬克思主義史學得到了迅速發展，逐漸形成自己的革命史學體係。

抗日戰爭的爆發，引起了中國史學界巨大的震撼。面對中華民族出現前所未有的嚴重危機，在第一時期佔據史學主流地位的新考證學派史家，他們過去那種一味重視學術求真，而不講究學術致用的治史價值取向，在這時發生了重大改變，開始以史學積極服務於抗戰。早在九一八事變以後，面對中華民族的危機，顧頡剛、傅斯年、陳垣等考證學派史家就開始拿起自己的史筆，積極投身於抗日救亡的時代大潮中。顧頡剛一九三四年創辦禹貢半月刊，開始高舉愛國主義的民族主義旗幟。之所以要以「禹貢」爲刊名，按照顧頡剛的說法，是「今日談起禹域，都會想起『華夏之不可侮與國土之不可裂』」（注三）。很顯然，禹貢半月刊的宗旨，便是要通過對於邊疆歷史地理的研究，激發全民族抵抗日本帝國主義侵略的熱情與決心，以達到維護祖國領土完整的目的。傅斯年在九一八事變後，出版了東北史綱，以大量史實論證東北自古以來就是中國的固有領土，對日本帝國主義御用歷史學家的種種歪曲史實的謬論予以駁斥。全面抗戰爆發後，傅斯年又寫了中國民族革命史一書，雖然是未完稿，卻已經表達了他的民族思想。該書以歷史爲依據，充分論證了中華民族的同一性、整體性和不可分割性，因此，在面對日本帝國主義侵略中國的嚴重危機的緊要關頭，中華民族應該團結起來共同禦侮，要發揚中華民族百折不撓的精神，樹立起中華民族抗戰的必勝信心。陳垣在新中國成立後給友人的書信中講到了九一八事變後他的治史取向的轉變：「九一八以前，爲同學講嘉定錢氏之學；九一八以後，世變日亟，乃改顧氏日知録，注意事功，以爲經世之學在是矣。」（注四）抗戰爆發後，陳垣當時身陷淪陷區，卻堅持以史學爲抗戰服務，其中最具代表性的史著便是「宗教三書」和通鑑胡注表微。所謂「宗教三書」，是指明季滇黔佛教考、清初僧諍記和南宋初河北新道教考，雖然講的是宗教，卻表現了愛國的民族情操。明季滇黔佛教考是表彰明末遺民的愛國精神與民族氣節；清初僧諍記是通過宗教史的研究，來揭露變節者、抨擊賣國求榮的漢奸；南宋初河北新道教考也是用以表彰抗節不仕之遺民。通鑑胡注表微是陳垣最具代表性的史學著作，也是一部關注現實的史著，書中表現出了陳垣對歷史前途和民族命運的思考。錢穆在抗戰時期的史學研究，愛國的民族主義色彩也非常濃厚。一九三七年，錢穆寫成了與梁啓超同名史著中國近三百年學術史。該書以思想文化爲基礎和綫索，以學術傳承爲核心，通過史實證明中國傳統文化的優越性，旨在提醒國人要重視挖掘中國傳統文化的長處和價值，持守中國傳統文化的精神，保持一種民族的自信心。毫無疑問，這種民族自信對於全民族團結抗戰是非常必要的。一九四〇年，錢穆多年國史教學講義國史大綱出版。該書以「國史」作稱謂，反映了作者作史的民族國家本位意識。錢穆明確指出：「治國史之第一任務，在能於國家民族之内部自身，求得其獨立精神之所在。」（注五）該書的具體内容也充分體現了這一精神，它將文化、民族與歷史三者結合起來對中國歷史加以考察，認爲這種歷史發展過程即是民族文化精神的演進過程，歷史研究的目的不僅在於弄清楚歷史的真實，更重要在於弄清楚歷史背後蘊藏的民族文化精神，從而積極地去傳承這種民族文化精神。

當然，新考證學派史家開始轉向經世致用，只是治史的價值取向發生了變化，並不等於放棄了一貫的注重考證的治史方法。相反，在民國後期，這種治史方法還得到了發展，并且取得了很多重要成果，陳寅恪的詩文箋證和「民族文化之史」的論述便是典型代表。陳寅恪屬於考證學派代表人物之一，這一時期出版的隋唐制度淵源略論稿和唐代政治史述論稿是其考證隋唐史的力作。陳寅恪對於史料的運用有自己獨到的見解，認爲史家之於史料應該善於審定，辯證地看待真僞；同時要善於利用史料，詩詞、小説，以及裨史、筆記等，都可以用做歷史研究的材料，這顯然是一種「通識」的史料觀。陳寅恪詩文箋證的治史方法，即是在這種史料觀的指導下産生的，具體做法是以歷史記載去箋證詩文，同時詩文又可用以證史、探討史事，從而開闢出了一條新的證史路徑。一九五〇年出版的元白詩箋證稿，以及晚年寫成的巨作柳如是别傳，便是運用這種方法的代表作。陳寅恪關於「民族文化之史」的論述，其基本内涵包括政治制度、社會習俗、學術思想、文學藝術。陳寅恪的歷史觀念，是要以民族文化爲根基，同時吸收外來學説，由此構建起本民族思想文化體係；而不談經濟基礎的作用，則是其歷史觀念的局限性。

這一時期的中國馬克思主義史學家，不但積極投身於抗戰史學當中，爲全民抗戰進行歷史研究，而且把歷史研究與當時的革命鬥争相結合，逐漸形成了馬克思主義的革命史學。縱觀這一時期中國馬克思主義史學研究，主要在以下三個方面取得了顯著成就：其一是社會史研究，代表史家有吕振羽、鄧初民、侯外廬等人。吕振羽於一九四二年出版了中國社會史諸問題，該書是對二十世紀二三十年代中國社會史問題論戰的一個較爲係統的總結，正如作者在新版序言中所説，該書「反映了中國新史學在歷史科學戰綫上的鬥争過程中的若干情況，也反映了有關各派對中國史問題的基本立場、觀點、方法及其在一定時期的發展過程，可作爲中國馬克思主義史學史的參考資料」。鄧初民於一九四〇年和一九四二年分别撰寫出版了社會史簡明教程和中國社會史教程，兩書運用馬克思主義唯物史觀，分别論述了人類社會歷史的發展過程及其規律和中國社會歷史的發展過程及其規律。在中國社會史教程一書中，鄧初民指出了中國社會發展的前途是光明燦爛的，我們應該要「努最後必死之力，加以争取」。侯外廬於一九四七年出版了中國古代社會一書，內容涉及生産方式、政治結構、階級關係、國家和法以及道德起源等問題，見解頗爲深刻。總體來説，這些社會史著作可以被看作是二十世紀二三十年代社會史大論戰的總結、延續和深入。

其二是通史研究。這方面的成就尤爲突出，吕振羽的簡明中國通史、范文瀾的中國通史簡編和翦伯贊的中國史綱都是這一時期的通史名作。吕振羽於一九四一年出版簡明中國通史上册，如同其出版序言所説，該書「與從來的中國通史著作頗不同」，這種「頗不同」主要表現在它「把中國歷史作爲一個發展過程在把握」，「還盡可能照顧到中國各民族的歷史及其相互關係」。一九四八年出版下册，在跋語中作者申明該書的基本精神是「把人民歷史的面貌復現出來」。范文瀾於一九四二年出版了中國通史簡編，該書的基本精神旨在將歷史研究與中華民族的前途相結合，如同作者在上册序言中所説的，「我們要瞭解整個人類社會的前途，我們必須瞭解人類社會過去的歷史；我們要瞭解中華民族的前途，我們必須瞭解中華民族過去的歷史」。這也正是中國通史簡編撰寫的初衷。本着這樣一個目的，該書的編寫運用馬克思主義觀點，肯定勞動人民的歷史作用，重視探尋社會發展的規律，注意分析階級鬥争的本質，積極反映生産鬥争的面貌。翦伯贊於一九四三年和一九四六年分别出版了中國史綱第一、二册，該書運用馬克思主義觀點，剖析了商周社會性質以及戰國秦漢社會性質的轉變，注意將中國歷史置於世界歷史的大背景下進行考察，在研究方法上重視以考古材料與文獻資料相結合。

其三是思想史研究，代表史家有吕振羽、何幹之、侯外廬等人。吕振羽於一九三七年出版了中國政治思想史，這是我國第一部運用馬克思主義理論論述中國政治思想的著作。撰述的初衷，是針對陶希聖的同名著述，可以被視爲社會史論戰的延伸。作者解釋所謂的政治思想史，「本質上係同於社會思想史」。全書按社會性質及其發展階段，對上自商朝下至鴉片戰爭前的中國政治思想史作了係統論述。何幹之於一九三七年出版了近代中國啓蒙運動史，該書重視將思想運動和社會的經濟結構、政治形態聯係在一起來進行研究，肯定評價各種思想文化必須運用「歷史的眼光」，把思想文化放在特定的歷史環境中進行考察、分析和評價。侯外廬關於思想史的研究建樹最多，他於一九四四年出版了中國古代思想學説史，具體探討了歷史演進與思想發展、新舊範疇與思想變革、思想發展過程與時代個別學説、學派同化與學派批判、學説理想與思想術語、現實與遠景等等的關係，見解深刻；一九四五年出版了中國近世思想學説史，這是一部論述十七世紀至二十世紀中國思想學説發展史的著作，以十七世紀爲啓蒙思想期、十八世紀爲漢學運動期、十九世紀以後爲西學東漸期做劃分；一九四七年主持編寫出版了中國思想通史第一卷，該書編寫的主旨思想，作者在出版序中説，是「特在於闡明社會進化與思想變革的相应推移，人类新生與意識潛移的聯係」。

如果説五四運動以來至抗戰以前的中國馬克思主義史學的傳播主要還只是李大釗、郭沫若等少數人的努力的話，那麽隨着抗日戰爭爆發，這樣的局面得到了很大的改觀，馬克思主義史學在此後得到了迅速發展。隨着馬克思主義史學家們在史學研究各個領域的全面開展，并且取得了許多重要的研究成果，一種新的「革命史學」體係便逐漸建立起來了。這種「革命史學」爲抗日戰爭和全國解放戰爭的勝利做出了重要貢獻，成爲中國共産黨領導的中國革命事業的重要組成部分。

縱觀民國時期史學的發展，明顯呈現出以下特點：首先是階段性。民國史學如同民國社會一樣，處在不斷的嬗變當中，故而呈現出明顯的階段性特點。這種階段性，大致可以分爲民國建立前後從傳統史學向新史學的轉變，五四時期及此後新史學向考證史學（廣義而言考證史學也屬於新史學）的轉變，抗戰時期考證史學向經世史學的轉變，從抗戰到解放戰爭時期，馬克思主義革命史學迅速發展。

其次是經世性。民國史學的嬗變，呈現出階段性特點，又是與史學發揮其經世功能緊密相連的。五四新考證學派史學雖然標榜自己的學問「只當問真不真，不當問用不用」，其實他們的考證史學是與五四新文化運動提倡的科學精神分不開的。新考證史學雖然有傳承乾嘉治史方法的因素，更有學習西方，希望建立科學的史學的願望所在。正如顧頡剛所説的，「五四運動以後，西洋的科學的治史方法，才真正傳入，於是中國才有科學的史學可言」（注六）。這種科學的史學，與當時建立科學、民主的中國的社會訴求是相一致的，其實也是具有經世的內蘊於其中的。抗戰時期，包括實證主義和馬克思主義等在內的史家都積極投身於宣傳民族文化當中，則是與當時的救亡圖存聯係在一起的，這種史學經世直面社會問題、直面民族危機，其方式當然更加直截了當。毫無疑問，民國史學在其不同階段，整體上都没有脱離經世的主旨，這也是中國史學的優良傳統。

再次是流派多。這一時期的史學流派可謂异彩紛呈，有新史學派、國粹派、新考證學派、馬克思主義學派等等。每一學派下面又可具體劃分出具有不同特點的派別，如新考證學派雖然都以考證見長，但他們的學術風格還是不盡相同的，據此又可細劃出以胡適爲代表的實證派、顧頡剛爲代表的古史辨派、傅斯年爲代表的史料學派、王國維爲代表的考古派等等。一些學者根據各自不同的標準，對民國史學流派作了不同的劃分，如有信古派、疑古派與釋古派之分，有傳統派、革新派與科學派之分，有考據學派、唯物史觀派和理學派之分，有掌故派、社會學派之分，如此等等，不一而足。

總體來看，民國史學影響最大者，莫過於新考證學派和馬克思主義學派，抗戰以前以新考證學派最盛，抗戰以後馬克思主義學派得到迅速發展。這些史學流派的史學理論與方法，迄今依然成爲我們歷史研究的重要範式。

近代名家散佚學術著作叢刊選取了一九四九年以後未再出版的十六部民國時期的史學著作進行重刊，它們分別是朱謙之的扶桑國考證、魏應麒的中國史學史、衛聚賢的中國考古小史、陳伯瀛的中國田制叢考、謝國楨的清初流人開發東北史、張鵬一的唐代日人來往長安考、鍾歆的揚子江水利考、梁盛志的漢學東漸叢考、顧頡剛、楊尚奎的三皇考、陶棟的歷代建元考、陳述的契丹史論證稿、陳寶泉的中國近代學制變遷史、陳里特的中國海外移民史、鄭鶴聲的史漢研究、章中如的清代考試制度資料和郭伯恭的永樂大典考。之所以重刊這批史學著作，是看到了它們在今天依然有其學術價值所在。作爲一份豐厚的史學遺産，值得我們去加以發掘和繼承。

從所選十六部史學作品來看，明顯打上了民國史學的時代烙印，體現了民國史學的時代特徵。首先，研究内容涉獵廣博。涉獵廣博，是民國史學的基本特點，反映了民國史家學術視野的開闊。選擇重刊的雖然只有十六部史著，涵蓋面卻非常廣博，有史學史方面的，如中國史學史、史漢研究；有學術史方面的，如漢學東漸叢考、永樂大典考；有教育史方面的，如中國近代學制變遷史、清代考試制度資料；有經濟史方面的，如中國田制叢考、揚子江水利考、清初流人開發東北史；有考古史方面的，如中國考古小史；有民族史方面的，如契丹史論證稿；有中外交往史方面的，如扶桑國考證、唐代日人來往長安考、中國海外移民史；還有名號、年號史方面的，如三皇考、歷代建元考等。這樣的全方位的歷史研究，是民國史學的一個縮影。

其次，治學方法重視考證。重視考證，是民國史學的顯著特點。在十六部史著中，除去魏應麒的中國史學史、衛聚賢的中國考古小史、陳寶泉的中國近代學制變遷史、陳里特的中國海外移民史、鄭鶴聲的史漢研究和章中如的清代考試制度資料等六部外，其他十部都是考史著作。涉及的考證領域很廣，有國名、田制、開發、交通、水利、學術、名號和學制等等。在具體考證上，重視方法的運用。如朱謙之的扶桑國考證，按照作者自己在自序中所説，該書是「從文獻學、民俗學、考古學三方面的史料搜集和批評的結果」，這裏既是講史料搜集問題，也是講歷史考證方法。又如陳伯瀛的中國田制叢考，作者也在自序中交代了其作史、考史方法：首在網羅放失，整輯舊聞；次在探究原本；三則覆核名實；四則辨正事蹟；五則鑒古度今。可見該書對廣占資料、辨證核實的重視。

再次，治學宗旨强調致用。經世致用，是民國史學的重要特點，抗戰以後的史學表現尤其突出。所選十六部史著，也體現了重視經世致用的特點。如陳伯瀛之所以要撰述中國田制叢考，按照作者的解説，是因爲田制與農人、社會和國家休戚相關。該書「敍引」就説，田制影響農人生計，農人生計又會影響到社會秩序與和平。又如鍾歆的揚子江水利考，作者在該書「敍言」中論述了撰述該書的原因：一方面民國以前揚子江鮮有水患，所以過去這方面的論著很少；另一方面民國以來的數十年間，揚子江水患頻發，國家需要計劃治理，而治理水災，就必須要先瞭解水文歷史。很顯然，該書是爲了治理揚子江水患的需要而撰寫的，經世意圖非常明顯。再如陳寶泉作中國近代學制變遷史，其實是蘊含了作者教育救國的思想於其中的。在該書自序中，作者明確指出學制與人才問題關係到國家興亡的根本。他有感於當時各國教育制度的日新月異，而中國卻没有關於教育制度的專書作比較，致使切合國情的新的教育一時無由發現。他撰寫該書的目的，便是希望通過總結近代中國學制的變遷，找尋出一種更加適合當時中國需要的新的學制。

最後，歷史見解精辟獨到。如朱謙之扶桑國考證考證扶桑國爲何處，這是對當時世界史學界討論的一個熱點問題的積極回應。自從一七六一年法國人歧尼（De Guignes）發表中國人之美洲海岸航行及住居亞洲遠東之幾個民族的研究，提出扶桑爲美洲墨西哥説以來，引起了世界史學界的長期大討論，基本觀點無非有肯定與否定兩種，否定中又有扶桑國爲日本和樺太的不同説法。朱謙之依據文獻、民俗和考古資料，比較了世界史學界諸説的異同和存在的問題，得出了扶桑即美洲墨西哥的結論，不但駁斥了扶桑非美洲説的觀點，而且對美洲説也作了補充論證，更有説服力。又如魏應麒的中國史學史的問世，按照作者的説法，是「前無作者」的史著，卻表現得非常成熟。該書對中國史學的特質與價值、史籍的位置與類别、史館建置與職守、史學發展之情形、史書體裁之發展、史學理論與方法之運用等等，都提出了自己的見解，即使在今天，也不失爲有創見的反映中國史學史的著作。又如顧頡剛、楊尚奎的三皇考，這是民國考證派史學的代表作之一。在該書中，作者對「皇」、「三皇」、「太一」等相關概念作了係統闡釋，對三皇説與太一説的消長及其相互關係進行了論述，對與三皇相關的伏羲、盤古、女媧等古聖王的地位變化作了考察，對三皇、太一在道教中的地位作了説明，對歷史上關於三皇的信仰與祭祀情況作了梳理，并且旁及河圖洛書、三墳五典等等内容。這樣一個係統的考察，旨在論證「三皇」傳説只是托古改制的産物，認爲民族自信力應該建立在理性上，而不是虚假的三皇上。書中闡發的觀點，在當時史學界有很大的影響。應該説所選十六部史著，都是作者的心得之作，這裏不一一贅言。

挖掘、清理和總結民國史學，對於我們全面認識和係統借鑒民國史學，推動新時期中國史學與史學思想的發展是很有裨益的。借此對主持重刊工作的山西人民出版社表達一個史學工作者的由衷敬意！

二〇一四年五月於北京師大京師園

注一　當代中國史學，遼寧教育出版社一九九八年版，第一百五十三頁

注二　史料論略及其他，遼寧教育出版社一九九七年版，第二百頁

注三　禹貢四卷十期，禹貢學會募集基金啓事

注四　陳智超陳垣來往書信集，上海古籍出版社一九九〇年版，第二百一十六頁

注五　國史大綱，商務印書館一九九四年版，第十一頁

注六　當代中國史學，遼寧教育出版社一九九八年版，第二頁

作者簡介

鍾歆，生平不詳。

敘

論揚子江水利者，向少專籍，非若治河之書，官署有記載，私家多議述，册帙尙富，較可稽考。良以江水兩岸，土質堅實，兼有洞庭、鄱陽諸湖爲之容納調節，故水患較鮮，而專箸獨少也。

近數十年來，疏導或闕，形勢略變，致江患頻仍，潰溢時聞，而民國二十年及二十四年之大水，遍及中、下游各省，損失綦鉅，是不得不有根本計劃，以謀治理而澹沈災。惟計劃之先，對於江流之往昔情形，及前儒之水利論箸，似應有相當之明瞭與研究，以定今後治理之方針也。

余以頑劣，不自揣量，考河渠溝洫，馬、班創作，郡國利病，亭林繼述。爰涉覽各省縣地志及水經註、行水金鑑諸書，並函濱江各縣府徵取最近水利情形，吮筆構思，從事編綴，遂成水利考五篇，約得九萬餘言。以江流、支河、沙洲概狀，及歷代水災統計，列爲第一篇，以綜其要。各省水利情形，分別臚陳，列爲第二篇，以盡其狀。歷來修疏工程，擇要類舉，列爲第三篇，以稽其法。前人水利討論，鈎抉採集，列爲第四篇，以廣其說。末以近時之設施，計劃之擬議，與作者意見之商榷，列爲第五篇，以窮其委，而論其宜。

凡茲五篇，對於江流情形，疏治方法，上、下游地勢之不同，數千年災情之疎密，舉有關水利者，均屬彙纂，雖未能網羅今古，庶亦粗陳梗概，以備邦人士之參閱研討，並爲水利文獻之一助也。

上虞駿丞鍾歆敍於揚子江水利委員會。

民國二十五年一月

目次

第三篇　歷來修疏工程

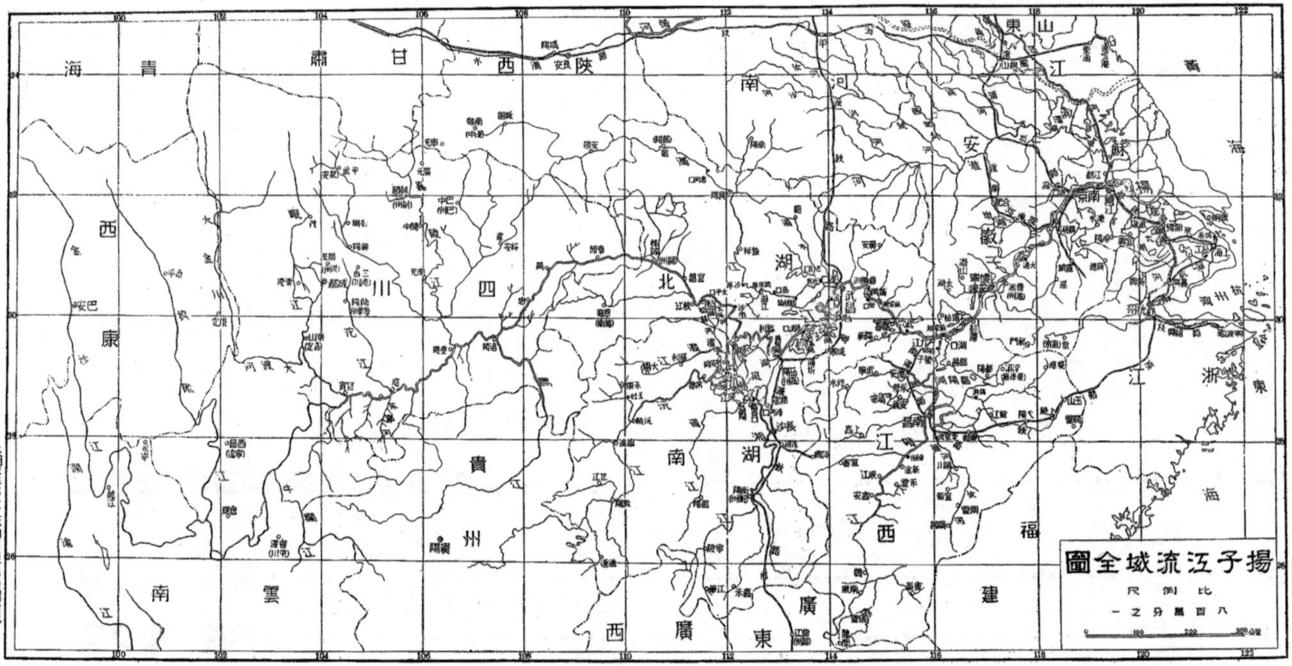

本圖根據揚子江水利委員會所製地圖縮成

揚子江水利考

第一篇　江流概略及水災統計

揚子江流域綿廣，浩渺萬里，支流縱橫，舟運四通，爲我國文化中心。故水利問題，亟須加以研究。欲研究是項問題，對於江流現狀，及歷代災情之輕重疎密，必先有徹底之明瞭，以爲研究之資料。茲將江流、支河、沙洲等情狀及歷來災害，分述於下：

第一章　江流

第一節　禹時之江流

尚書禹貢曰：「岷山導江，東別爲沱。又東至于澧，過九江，至于東陵。東迤北會于匯。東爲中江，入于海。」

東陵今湖南巴陵縣。

九江之說有二：（一）謂九江在今江西九江縣，漢應劭曰：「江自尋陽分爲九。」晉郭璞曰：「流九派乎尋陽。」（二）以洞庭爲九江，其說始於宋初。曾彥和說九江，一曰沅，二曰漸，三曰無，四曰辰，五曰敍，六曰酉，七曰湘，八曰資，九曰澧。朱熹考定九江，去無、澧二水，而易以瀟、蒸。一曰瀟江，二曰湘江，三曰蒸江，四曰澬江，五曰沅江，六曰漸江，七曰敍江，八曰辰江，九曰酉江。

匯者，彭蠡（今鄱陽湖）之澤也。不言會于彭蠡者，蓋蒙漢水之「東匯澤爲彭蠡」之文也。

邵氏曰：「江水濬發，最在上流，其次則漢自北入，其次則彭蠡自南入，三江並峙而東，則江爲中江，漢爲北江，彭蠡所入爲南江可知已，非判然異派之謂也。且江、漢之合，茫然一水，唯見江不見漢也，故曰中江，曰北江。然其勢則相敵也，故曰江、漢朝宗。」（以上見行水金鑑）

又曰：「嶓冢導漾，東流爲漢，又東爲滄浪之水，過三澨，至于大別，南入于江。東匯澤爲彭蠡，東爲北江，入於海。」

孔氏傳曰：「泉始出山爲漾水，東南流爲沔水，至漢中東流爲漢水。」

孔氏傳曰：「屈完所謂『楚國方城以爲城，漢水以爲池』，則是滄浪卽漢水也。蓋漢水至於楚地，則其名爲滄浪之水也。」易祓尙書說曰：「武當縣西北四十里水中有滄浪洲，至此又名滄浪水。」

馬融、鄭元、王肅、孔安國等，咸以爲三澨，水名也。許愼言澨者，埤增水邊，土人所止也。

孔氏傳曰：「匯，迴也。水東迴爲彭蠡大澤。」彭蠡今鄱陽湖也。王充耘讀書管見曰：「江、漢二水，勢均力敵，皆能自達於海者也。故禹貢雖紀其合流，仍各見其首尾。紀其合流，故於漢水言南入於江，江、漢朝宗於海。各見其首尾，故於漢水言東匯澤爲彭蠡，東爲北江，入於海。於江水則言東迤北會爲匯，東爲中江，入於海。」書古文訓曰：「自湖口以東，江匯固同流矣。而有北江、中江之號者，以今江西言之，謂之北江。荊揚言之，爲中江也。」書纂言曰：「江之入海，非獨江水，實兼漢水。江固爲江，漢亦爲江也。故漢得分江之名，而爲北江。記其入海者，著其爲瀆也。三瀆皆自爲一瀆，惟江與漢，共爲一瀆。」（以上見行水金鑑）

第二節　漢時之江流

漢桑欽水經曰：「岷山在蜀郡氐道縣，大江所出。東南過其縣北，又東南過犍爲武陽縣，青衣水、沫水從西南來，合而注之。又東南過僰道縣北，若水、淹水合，從西來注之。又東，渚水北流注之。又東過江陽縣南，洛水從三危山東過廣魏洛縣南，東南注之。又東過符縣北，邪東南，鰼部水從符關東北注之。又東北至巴郡江州縣東，強水、涪水、漢水、白水、岩渠水五水合，南流注之。又東至枳縣西，延江水從牂柯郡北流西屈注之。又東過魚復縣南，夷水出焉。又東出江關，入南郡界。又東過巫縣南，鹽水從縣東南流注之。又東過秭歸縣之南，又東過夷陵縣南，又東南過夷道縣北，夷水從佷山縣南，東北注之。又東過枝江縣南，沮水從北來注之。又南過江陵縣南，又東至華容縣西，夏水出焉。又東南當華容縣南，涌水入焉。又東南，油水從東南來注之。又東至長沙下雋縣北，澧水、沅水、資水合東流注之。湘水從南來注之。又東北至江夏沙羨縣西北，沔水從北來注之。又東過邾縣南、鄂縣北，又東過蘄春縣南，蘄水從北東注之。又東過下雉縣北，利水從東陵西南注之。

案水經於沔水內敍其入江之後所過，蓋與江水合沔之後，詳略兩見。今江水止於下雉縣，而沔水內訂其錯簡，「又東過彭蠡，又東過皖縣南，又東至石城，分爲二。其一東北流，又東北出居巢縣南，又東過牛渚，又過毗陵縣爲北江。」參以末記禹貢山水澤地，「北江在毗陵北界，東入於海。」下雉縣以下大江入海之大略，固具在也。（見行水金鑑）

第三節　現時之江流

按近時輿地家之研究，江流實發源於青海西南與西藏接境之巴薩通拉木山，經滇、川、鄂、湘、贛、皖、蘇入海。流域面積約計一百九十五萬九千三百餘平方公里，全長約六千公里，發源地高出海平面爲五千公尺。所經流域，土地肥沃，物產富饒，民衆居食於斯者約二萬萬。初名木魯烏蘇河，繼曰布壘楚河，行抵川邊特別區域之巴塘，已歷一千公里，坡降至二千三百公尺，又易名金沙江。南流至雲南麗江，經滇、川毗界，北入四川境之屏山縣（敍州之上約六十公里，）江流至此始通航行。東行至敍州與岷江合，始爲揚子江。計自巴塘至敍州，爲程一千八百餘公里，坡降約爲二千五百公尺。自敍州經重慶而至宜昌，坡度以次漸平。其間匯入要流，在瀘縣有沱江自北來會。過合江縣有赤水河自南加入。嘉陵江則匯合川北白水江、渠江、涪江諸水，經重慶東北貫注入江。在涪陵縣又有涪陵江（卽烏江），由貴州來會。敍州、重慶間爲程約四百公里，坡降約一百公尺，平時通行民船，漲水時亦可通行小汽船。重慶、宜昌間爲程八百五十公里，低水位之坡降每公里爲一百五十公釐，可行淺水汽船。其下游二百二十五公里，兩岸山嶺綿亙，江中灘礁銜接，形勢險峻，風景絕佳，此一段又名爲揚子江峽。江出宜昌，度險境而履康莊，水流建瓴直下，奔放於湖北中部之平原。在城陵磯有洞庭湖受湖南省澧、沅、資、湘諸水來會，江流益見澎大。迨抵漢口，又有漢水歸納西北諸水來會。自宜昌至漢口爲程六百六十公里，坡降爲每公里四十公釐，其間可駛吃水較深之汽船。自漢口東流，至江西之湖口縣，有鄱陽湖受修、贛、盱、信、鄱諸水來會。至安徽境內，西有皖水自北來會，東有巢湖受皖北諸水分道入江，浩瀚下奔以入江蘇。在南有秦淮河自南來會，在瓜洲與運河相通。鎭江以東之三江營口，則爲淮水入江之尾閭。流抵江陰，江忽收束，江面狹窄，始與南京下關相彷彿。又東則江勢開展，氣象遼闊，直趨吳淞，匯合黃浦江水，注入黃海。總計自漢口至海口，爲程一千一百八十公里，坡降爲每公里十公釐。高水位時，凡吃水二十六英尺之巨舶，可直達漢口。若低水位時，則吃水十五英尺之江輪，僅能駛抵蕪湖。再上則受阻礙矣。船行家常稱重慶、宜昌間爲上游，宜昌、漢口間爲中游，而漢口、上海間爲下游云。（根據揚子江漢口吳淞間整理計劃草案）

第二章　支河

揚子江大小支流，無慮千數，其最大者，如四川之岷江、沱江、嘉陵江、黔江，湖北之漢水，安徽之皖水。他如洞庭湖挾澧、沅、資、湘諸水由城陵磯而入江，鄱陽湖會贛江、修水、信江等由湖口縣以注江，須濡水引巢湖而南流，黃浦江通太湖而北匯，運河於鎮江、揚州間，中貫江之南北。各水縱橫流灌，源遠利溥，茲爲列表如左：

揚子江支河名稱表

支流名別	經過省分	入江地點
雅礱江	青海、西康、四川	由鹽邊縣南流入江
普渡河	雲南	由祿勸縣北流入江
橫江	雲南	由鹽津縣北流入江
岷江	四川	由宜賓縣東南流入江
沱江	四川	由瀘縣東南流入江
赤水	貴州、四川	由合江縣北流入江

嘉陵江	甘肅、四川	由巴縣東南流入江
黔江	貴州、四川	由涪陵縣北流入江
小江	四川	由雲陽縣南流入江
分水河	四川	由奉節縣東南流入江
大寧河	四川	由巫山縣南流入江
清江	湖北	由宜都縣東流入江
香溪	湖北	由秭歸縣南流入江
沮水	湖北	由江陵縣南流入江
澧水	湖南	由澧縣入洞庭湖會江
沅江	貴州、湖南	由漢壽縣入洞庭湖會江
資水	湖南	由益陽縣入洞庭湖會江
湘江	廣西、湖南	由湘陰縣入洞庭湖會江
漢水	陝西、河南、湖北	由漢陽漢口間東南流入江
舉水	湖北	由黃岡縣南流入江
巴水	湖北	由黃岡縣南流入江
浠水	安徽、湖北	由浠水縣南流入江

蘄水	湖北	由蘄春縣南流入江
修水	江西	由永修縣入鄱陽湖會江
贛江	江西	由南昌縣入鄱陽湖會江
武陽水	江西	由餘干縣入鄱陽湖會江
信江	江西	由餘干縣入鄱陽湖會江
樂安河	安徽、江西	由鄱陽縣入鄱陽湖會江
皖水	安徽	由懷寧縣東流入江
貴池水	安徽	由貴池縣北流入江
西河	安徽	由無爲縣東流入江
須濡水	安徽	經巢湖至無爲縣南流入江
青弋江	安徽	由蕪湖縣北流入江
青山河	安徽	由當塗縣北流入江
滁河	安徽、江蘇	由六合縣南流入江
運河	江蘇	北由江都南由鎮江會合
秦淮河	江蘇	由江寧縣北流入江
大孟河	江蘇	由丹陽縣北流入江

白茆河	江蘇	由常熟縣北流入江
瀏河	江蘇	由嘉定縣北流入江
黃浦江	江蘇	由太湖經上海縣北流入江

第三章　沙洲

揚子江含沙量亦頗豐富，故江中沙洲逐漸增多，其面積亦漸擴大。按揚州府志云：「潤州大江，本與揚子橋爲對岸，瓜洲乃江中一渚。」又云：「瓜州江濱，昔爲瓜州村，揚子江之沙磧也，漸長如瓜子，故名，接連揚子江口，唐開元以後，漸爲南北咽喉之地。」是知瓜洲由沙磧而增大，漸爲重要之地也。又江口之崇明縣，本亦爲漲沙所成。按江南通志云：「唐武德中海、中湧二沙，卽今崇明縣東西二沙。宋初復漲姚劉沙，與東沙接壤。建中、靖國間復漲一沙於西北，卽今之三沙，嘉定中，置鹽場於此，名曰天賜，屬通州海門縣。」又云：「揚州路崇明州，本通州海濱之沙洲，宋建炎間，有昇州句容姚、劉姓者，因避兵於沙上，其後稍有人居焉，遂稱姚劉沙。嘉定間，始置鹽場，元至元十四年，升爲崇明州，明洪武初改爲縣。」是崇明始現於唐時，至元、明之間，始設州縣。考瓜洲、崇明地積之漸次增大，則其他沙洲之續漲與擴展，可以推見。故現在宜昌至海口間，大小沙洲不下一百餘處，以利言之，可供人民之畊植，以害論之，足阻江流之宣洩。是不得不設法整理，以消弭水患焉。茲將沙洲總面積及名稱地段，分列二表如左，俾資考鏡。

(一)揚子江沙洲面積總計表

地段	低水位時之面積		中水位時之面積	
	以平方公里計	以市畝計	以平方公里計	以市畝計
海口至鎮江	二五三·七	三八〇、五五〇	六五·八	九八、七〇〇
鎮江至南京	九九·五	一四九、二五〇	一三·二	一九、八〇〇
南京至蕪湖	一四一·〇	二一一、五〇〇	四三·九	六五、八五〇
蕪湖至安慶	三一〇·一	四六五、一五〇	一六〇·四	二四〇、六〇〇
安慶至九江	二五〇·八	三七六、二〇〇	九五·二	一四二、八〇〇
九江至漢口	一五八·〇	二三七、〇〇〇	二六·三	三九、四五〇
漢口至岳州	二六·九	四〇、三五〇	一七·四	二六、一〇〇
岳州至宜昌	三〇·六	四五、九〇〇	一一·九	一七、八五〇
總數	一、二七〇·六	一、九〇五、九〇〇	四三四·一	六五一、一五〇

(附註)中水位時之面積十分之九係耕種地。

（二）揚子江沙洲名稱地段面積表

沙洲名	地段	吳淞以上之距離（公里）	中水位時之地別	低水位時之面積	中水位時之面積
				面積以平方公里計	
扁擔沙	海口至連成洲	二二	耕	一六·四	三·八
白茆沙	同上	四四		二六·三	〇·〇
通州沙	同上	九三		四〇·八	〇·〇
段山沙	同上	一二八		一四·八	〇·〇
海北港沙	同上	一四三	耕	一一·五	〇·八
長福沙	同上	一四八	耕	九·三	五·〇
福姜沙	同上	一六五		一四·五	〇·〇
祿安沙	同上	二〇七	耕	二·〇	〇·八
定興洲	同上	二〇九	耕	一·一	〇·五
礮子洲	同上	二一一	耕	一八·三	一五·六
鄰平洲	同上	二一三	耕	六·五	四·〇
承平洲	同上	二一九	耕	八·八	四·六
闢盤洲	同上	二二八	沙、葦	一·八	〇·二

鰻漁洲	同上	二三二	耕	四・七	二・九
廣安洲	同上	二三二		一・七	〇・〇
天裕洲	同上	二三六	耕	三・三	〇・二
永安永昌洲	同上	二三八	耕	二八・八	二二・〇
平安洲	同上	二三八		一・二	〇・〇
落成洲	同上	二五七		一・九	〇・〇
裕龍洲	同上	二七六	耕	二・四	一・二
大沙	同上	二七九	耕	三五・二	四・二
尹公洲	同上	二八七		二・四	〇・〇
徵人洲	鎮江至南京	二九七	半耕半葦	一四・〇	二・四
北新洲	同上	三〇二	耕	二一・〇	六・〇
大河沙	同上	三三五		〇・一	〇・〇
草鞋沙	同上	三五六		三八・八	〇・〇
八卦洲	同上	三六五		一九・六	〇・〇
七里洲	同上	三七九	耕	六・〇	四・八
梅子洲	南京至蕪湖	三八六		二一・九	〇・〇

子母洲	南京至蕪湖	上	四一六		三・〇	〇・〇
救濟洲	同	上	四一七		一六・二	〇・〇
黄洲老灘	同	上	四二八		一三・〇	〇・〇
黄洲新灘	同	上	四三四		一二・〇	〇・〇
江心洲	同	上	四三九	耕	四六・五	三四・九
大太興洲	同	上	四四七		四・六	〇・〇
小太興洲	同	上	四五五		四・〇	〇・〇
陳家洲	同	上	四六二	耕	一五・三	六・六
曹姑洲	同	上	四六九	沙、葦	四・五	二・四
大白茆沙	蕪湖至安慶	上	四九二		八・七	〇・〇
甲魚洲	同	上	四九二	沙、葦	五・一	〇・四
小沙洲	同	上	四九五	耕	八・九	四・五
小白茆沙	同	上	五〇〇		一・七	〇・〇
黑沙洲	同	上	五一三	耕	三五・〇	一九・七
舊縣沙	同	上	五一六		四・一	〇・〇
銅陵套沙洲	同	上	五四〇	耕	七二・〇	五二・〇

太陽洲	同上	五四三	耕	一九·六	九·七
泰北洲	同上	五四八		五·九	〇·〇
銅陵沙	同上	五四九		一·七	〇·〇
成德洲	同上	五六四	耕	二五·六	一二·六
沙洲	同上	五六七		三·五	〇·〇
思浦洲	同上	五七五		一·四	〇·〇
和悅洲	同上	五八九	耕	二·七	二·〇
鐵板洲	同上	五九〇	耕	六·〇	〇·二
崇文洲	同上	六一〇	耕	二一·五	七·九
汆水洲	同上	六一二	耕	二六·〇	一〇·八
扁擔洲	同上	六三五	半耕半葦	五·五	一·五
玉盤洲	同上	六四一	半沙磧半葦	六·六	三·〇
鐵盤洲	同上	六四四	耕	八·〇	六·八
銅盤洲	同上	六四四	耕	六·七	五·一
江心洲	同上	六五八	耕、沙磧	三三·九	二四·二
官洲	安慶至九江	六八九	耕、葦	二〇·七	一五·九

培文洲	安慶至九江	上	六九〇	耕、葦	六・一	四・三
學文洲	同	上	七〇一		六・〇	〇・〇
三女洲	同	上	七〇六		七・四	〇・〇
新洲	同	上	七一四		一一・六	〇・〇
福仁洲	同	上	七二五		五・二	〇・〇
玉帶洲	同	上	七三〇		三・九	〇・〇
天心洲	同	上	七三一		三・六	〇・〇
倆石	同	上	七三八		〇・五	〇・〇
新洲	同	上	七五二	耕	一二・〇	六・一
瓜字洲	同	上	七五三	葦蘆	三・九	〇・五
復往號	同	上	七五三	半耕半葦	八・二	四・〇
張昇洲	同	上	七五五	耕	六・〇	三・一
骨牌洲	同	上	七五八	耕	二八・八	一七・二
麟字號	同	上	七六〇	耕、葦	一二・〇	四・八
下三號洲	同	上	七八四		一五・三	〇・〇
上三號洲	同	上	七九〇		一五・一	〇・〇

張家洲	同	上	八一五	耕	七七·一	三九·三
官洲	同	上	八一三		七·四	〇·〇
鯿魚灘	九江至漢口		八五七		一二·九	〇·〇
新洲	同	上	八七三	耕、葦池塘	一九·三	六·〇
黃蓮洲	同	上	八九六		二·九	〇·〇
蘄春灘	同	上	九二一		四·五	〇·〇
小灣磯灘	同	上	九四二		六·〇	〇·〇
新淤洲	同	上	九七〇	耕	一·七	〇·四
戴家洲	同	上	九七一	耕	一二·三	一·六
新洲	同	上	九七九		五·七	〇·〇
沙洲	同	上	一、〇〇七	耕	六·七	〇·八
鴨蛋洲	同	上	一、〇二一	耕	二四·〇	一五·六
羅湖洲	同	上	一、〇二七	耕	一七·二	一·九
新洲	同	上	一、〇三一		七·三	〇·〇
湖廣沙	同	上	一、〇四三		三·四	〇·〇
牧鷄洲	同	上	一、〇五五		一一·六	〇·〇

天興洲	九江至漢口	一、〇八四	二二·五	〇·〇
大興沙	漢口至岳州	七八 葦	六·一	一·六
王家渡沙洲	同上	一二四 葦	五·九	三·四
中洲	同上	一五四 葦	七·〇	五·六
新洲	同上	一六二 葦	七·九	六·八
小龜洲	岳州至宜昌	三四三 葦	五·二	四·九
監利水道沙洲	同上	三四八 葦	三·四	二·一
新口	同上	四八〇 葦	五·三	一·二
横堤	同上	四九〇	四·二	〇·〇
南星洲	同上	五三五 葦	一〇·二	二·六
希望洲	同上	六四一 葦	二·三	一·一

（附註）每平方公里合市畝爲一、五〇〇畝舊畝爲一、六二七·七畝。

（以上二表，根據揚子江水利委員會歷年繪成圖表計算。）

第四章 省縣

揚子江經流滇、川、湘、鄂、贛、皖、蘇七省及西康、青海等處，沿岸縣治，約計二百。如下游之上海，中游之九江、漢口，上游之重慶，均爲商業之中心地。南京爲首都所在，鎮江、懷寧、武昌離江甚近，南昌、長沙濱湖不遠，皆爲各省垣會。茲列表如左，以便參閱。

揚子江沿岸各縣縣名表

省別	縣別	位置	舊治別
江蘇	南匯	南岸	
	川沙	同上	
	上海	同上	
	寶山	同上	
	嘉定	同上	
	太倉	同上	
	常熟	同上	
	江陰	南岸	
	武進	同上	清常州府治
	揚中	同上	
	丹陽	同上	
	鎮江	同上	清鎮江府治
	句容	同上	
	江寧	同上	清江寧府治

	崇明	北岸	
	啓東	同上	
	海門	同上	
	南通	同上	
	如皋	同上	
	靖江	同上	
	泰興	同上	
	泰縣	同上	
	江都	同上	清揚州府治
	儀徵	同上	
	六合	同上	
	江浦	同上	
	吳江	太湖沿岸	
	吳縣	同上	清蘇州府治
	無錫	同上	
	宜興	同上	

安徽	當塗	南岸	清太平府治
	蕪湖	同上	
	繁昌	同上	
	銅陵	同上	
	貴池	同上	清池州府治
	東流	同上	
	和縣	北岸	
	無爲	同上	
	桐城	同上	
	懷寧	同上	清安慶府治
	望江	同上	
	宿松	同上	
江西	彭澤	沿江	
	湖口	同上	
	九江	同上	
	瑞昌	同上	

星子	鄱陽湖沿岸	清南康府治
德安	同上	
永修	同上	
南昌	同上	清南昌府治
餘干	同上	
都昌	同上	
鄱陽	同上	清饒州府治
新建	贛江沿岸	
豐城	同上	
清江	同上	清臨江府治
新淦	同上	
峽江	同上	
進賢	同上	
吉水	同上	
吉安	同上	清吉安府治
湖北		
陽新	南岸	
大冶	南岸	
鄂城	同上	
武昌	同上	清武昌府治
嘉魚	同上	
石首	同上	
公安	同上	
松滋	同上	
枝江	同上	
宜都	同上	
長陽	同上	
巴東	同上	
黃梅	北岸	
廣濟	同上	
蘄春	同上	
浠水	同上	
黃岡	同上	清黃州府治

黃陂	北岸	
夏口	同上	
漢陽	同上	清漢陽府治
沔陽	同上	
監利	同上	
江陵	同上	清荊州府治
宜昌	同上	清宜昌府治
秭歸	同上	
安陸	漢水沿岸	
雲夢	同上	
應城	同上	
漢川	同上	
天門	同上	
潛江	同上	
京山	同上	
荊門	同上	

	鍾祥	漢水沿岸	清安陸府治
	荊門	同上	
	宜城	同上	
	襄陽	同上	清襄陽府治
	穀城	同上	
	光化	同上	
	均縣	同上	
	鄖縣	同上	清鄖陽府治
湖南	臨湘	沿江	
	岳陽	同上	清岳州府治
	華容	同上	
	南縣	洞庭湖沿岸	
	安鄉	同上	
	澧縣	同上	
	常德	同上	清常德府治
	漢壽	同上	

	沅江	洞庭湖沿岸	
	益陽	同上	
	湘陰	同上	
四川	巫山	北岸	
	奉節	同上	清夔州府治
	雲陽	同上	
	萬縣	同上	
	忠縣	同上	
	酆都	同上	
	長壽	同上	
	江北	同上	
	巴縣	同上	清重慶府治
	江津	同上	
	永川	同上	
	瀘縣	同上	
	南溪	同上	

	宜賓	北岸	清敍州府治
	屏山	同上	
	雷波	同上	
	昭覺	同上	
	寧南	同上	
	會理	同上	
	石砫	同上	
	涪陵	同上	
	綦江	同上	
	合江	同上	
	納溪	同上	
	江安	同上	
	璧山	嘉陵江沿岸	
	合川	同上	
	銅梁	同上	
	潼南	同上	

	遂寧	嘉陵江沿岸	
	武勝	同　上	
	岳池	同　上	
	南充	同　上	清順慶府治
	西充	同　上	
	蓬安	同　上	
	富順	沱江沿岸	
	內江	同　上	
	資中	同　上	
	資陽	同　上	
	犍爲	岷江沿岸	
	樂山	同　上	清嘉定府治
	青神	同　上	
	眉山	同　上	
	彭山	同　上	
	新津	同　上	

	雙流	岷江沿岸	
	崇慶	同　上	
	溫江	同　上	
	華陽	同　上	清成都府治
	郫縣	同　上	
	崇寧	同　上	
	新繁	同　上	
	灌縣	同　上	
雲南	綏江		
	永善		
	魯甸		
	巧家		
	祿勸		
	武定		
	永仁		
	永北		

鹽豐		
賓川		
鶴慶		
麗江		
永寧		
中甸		
維西		
西康		
鄧柯		
同普		
德格		
黃縣		
白玉		
武城		
寧靜		
巴安		
德榮		

第五章　歷代水災統計

揚子江歷代水災，自堯有九年之水患，經神禹疏治後，以迄於秦，其間災害次數，史乘鮮載。自漢高后三年，至於遜清，凡二千二百餘年間，大小水災，約計二百次左右，考其過程，愈近而愈密，愈今而愈烈，損失之鉅，恒沙難量。近七十年來水災，以清同治九年及民國二十年爲最鉅，其他如民七之江西、湖南、湖北大水；民十之江蘇、安徽大水，民十四之江西水災，民十七揚子江下游被災區域達數萬方里。民二十以來，迄二十四年止，幾無年無災（二十一年，江西、湖北水災，二十二年，蘇、皖、贛、湘、鄂五省均告水患，二十三年，遭水災者有江西、湖南、江蘇等省。）可謂密矣。茲將清以前及近年之水災損失，分述如下。

第一節　清以前之水災

（一）揚子江歷代（漢—清）水災記載表

時代	年月	區域	損害	備註
漢高皇后	三年夏	江水漢水溢	四千餘家	

	八年夏	江水漢水溢	萬餘家	
獻帝	建安二年九月	漢水溢		
	建安二十四年八月	漢水溢		
魏曹叡	太和四年九月	大雨漢水溢		
吳孫權	太元元年八月	大風江海涌溢	平地水深八尺	
晉穆帝	永和七年七月	濤水入石頭	死數百人	
簡文帝	咸安元年十二月	濤水入石頭		
孝武帝	太元十三年十二月	濤水入石頭	毀大桁殺人	
	太元十七年六月	濤水入石頭	毀大桁漂船舫	
		京口西浦濤入		
安帝	元興三年二月	濤水入石頭	舟萬計漂沒骸胔相望	江左濤變此爲最甚
	義熙元年十二月	濤水入石頭		
宋文帝	元嘉十八年五月	沔水泛溢		
		江水泛溢	沒居民害稼苗	
順帝	昇明二年七月	濤水入石頭	居民漂沒	
齊東昏侯	永元二年七月	濤水入石頭	漂殺緣淮居民	

梁武帝	天監六年八月	建康大水	濤上御道七尺	
		荊州江溢堤壞		
	普通元年七月	江海並溢		
唐高祖	武德七年	漢水漲	齧城	刺史張柬之因壘爲堤以遏湍怒
	景龍三年七月	澧水漲	害稼	
明皇	開元十五年八月	沔池縣澗水穀水漲	毀郭邑百餘家	
代宗	大曆七年二月	江州江溢		
德宗	貞元二年六月	荊南江溢		
	二年五月	揚州江溢		
	四年五月	江溢		
	十一年十月	朗蜀二州江溢		
	二十一年	朗州江漲	流萬餘家	
順宗	永貞元年秋	武陵龍陽二縣江水溢	漂萬餘家	
穆宗	長慶四年夏	漢水溢決		決始於唐
文宗	太和四年夏	舒州江溢		
	五年六月	武江水漲溢入梓州羅成		

	開成三年夏	江漢漲溢	壞房均荆襄等州民居及田產殆盡	
武　宗	會昌元年七月	漢水溢		
後周	廣順三年	襄州漢水漲溢		
宋太祖	建隆二年	襄州漢水漲溢數丈		
	乾德二年四月	廣陵揚子等縣潮水	害民田	
	開寶元年六月	江水泛溢	壞民田廬舍	
	五年六月	忠州江水漲二百尺		
太　宗	太平興國二年六月	忠州江漲二十丈		
		興州江漲	毀棧道四百餘間	
	七月	復州江漲	壞城及民田廬舍	
	九月	興州江大溢		
	四年八月	梓州江漲	壞閣道營舍	
	五年七月	復州江水漲	毀民舍堤塘皆壞	
	七年六月	均州涢水均水漢江並漲	壞民舍人畜死者甚衆	
		漢陽軍江水漲五丈		
	七月	南劍州江水漲	壞民居舍	

	八年七月	江漢皆溢	
	九年七月	嘉州江水暴漲	壞官署民舍溺者千餘人
		雅州江水漲九丈	壞民廬舍
	雍熙二年七月	朗江溢	害稼
	淳化元年六月	吉州江漲	壞民田廬舍
	二年七月	黃梅縣江水漲二丈八尺	
		嘉州江漲	壞州城三十堵民廬舍二千餘區漂二千餘戶
		復州蜀漢二江水漲	壞民田廬舍
	八月	藤州江漲十餘丈	
	四年九月	江溢	陷涪州
	至道元年五月	虔州江水漲二丈九尺	
眞宗	咸平三年三月	梓州江水漲	壞民田
	七月	洋州漢水漲	民有溺死
	景德四年六月	鄧州江水暴漲	
	八月	橫州江漲	壞營舍
	大中祥符三年六月	吉州江水泛溢	害稼

	四年七月	洪筠袁州江漲	害民田壞州城
	九年九月	利州水漲	漂棧閣萬二千八百間
仁宗	天聖三年十一月	襄州漢水漲	壞民田
	六年七月	江寧府揚眞潤州江水溢	
	嘉祐元年四月	江水決溢	
神宗	熙寧八年四月	湖南江水溢	
徽宗	大觀三年七月	階州久雨江溢	
	四年	虁州江水溢	
	紹興三年五月	武昌江漲	累月不洩
	十五年	漢水決溢	漂蕩廬舍
	十六年	潼州府東南江溢	水入城浸民廬
	二十三年	潼州府江溢	
孝宗	淳熙十一年五月	階州白江水溢	決堤圮城浸民廬舍
	十五年	荆江溢	
	十六年五月	階州白水江溢	浸城市民廬
	六月	潼川府東南二江溢	決堤毀橋浸民廬

光宗	紹熙二年五月	利州東江溢	壞堤田廬舍	
		潼州府東南江溢		
	七月	嘉陵江暴溢		
		襄陽大雨連旬漢水溢	害稼壞堤防民舍殆盡	
	三年五月	潼川府東南江溢		
	七月	襄陽江陵府大雨水漢江溢		
	五年	武陵縣江溢	圮田廬甚衆	
寧宗	開禧元年九月	漢水溢		
	嘉定十年	蜀漢二州江沒城郭		
	十六年五月	鄂州江湖合漲	城市沈沒累月不泄	
理宗	端平三年	襄漢江溢皆大水		
	淳祐七年五月	重慶府江水泛溢	漂城壁壞樓櫓	
度宗	咸淳六年六月	漢水溢		
	七年七月	嘉渝江溢	漂蕩城壁	
元世祖	至元二十四年九月	江水溢		
	二十七年七月	江水溢		

成宗	大德元年六月	和州歷陽縣江漲	漂沒廬舍萬八千五百餘家
	十月	廬州路無爲州江漲	漂沒廬舍
	五年七月	崇明通泰眞州定江之地江水暴風大溢	漂沒廬舍被災者三萬四千八百餘戶
	九年六月	潼川霖雨江溢	漂沒民居溺死者衆
	七月	沔陽玉沙縣江溢	
	十年二月	道州營道等處暴雨江溢	漂民廬溺死者衆
仁宗	延祐二年七月	全州永州江水溢	害稼
英宗	至治元年八月	安陸府雨江水大溢	被災者三千五百戶
	二年六月	辰州江水溢	壞民廬舍
泰定帝	泰定元年六月	渠州江水溢	
	二年六月	潼川府綿江中江水溢入城高丈餘	
文宗	至順三年八月	江水溢	
順帝	至正九年五月	蜀江大溢浸漢陽城	
明太祖	洪武元年六月	江西永新縣大風雨江水暴漲入城深八尺	民居蕩析男女多溺死
	三年六月	漂水縣久雨江溢	漂民居
	四年七月	南寧府大雨江水溢	

	六年七月	敘州南溪縣大雨江水漲	漂公廨民居	
	二十三年八月	漢水因淫雨暴溢	由郢以西廬舍人畜漂沒無算	
太宗	永樂二年五月	長沙瀏陽益陽岳州安鄉華容常德龍陽武陵荊州石首監利江陵諸縣霪雨湖水泛溢	壞民居田稼	
	九年六月	揚州府通州泰興江都儀眞海門等縣風雨暴作江湖泛漲	壞房舍漂流人畜	
	十年六月	武昌黃州常德漢陽等府久雨江水泛漲	沒民廬舍田禾	
	十四年五月	江西南昌等府淫雨江水泛漲	壞廬舍沒田稼	
	二十年十月	沔陽州霪雨江水泛漲	渰沒田地溺死人民	
宣宗	宣德元年五月	蕪湖縣久雨江水泛溢	渰沒官田一百五十八頃有奇	
	六月	衡陽縣大雨江水泛溢	漂民廬渰沒田稼	
		龍陽武陵二縣久雨江湖漲漫	衝決隄岸漂流民居	
	七月	沔陽監利等縣久雨江水泛溢		
	三年五月	常德州龍陽武陵二縣江湖漲漫衝決隄岸	漂流民居渰沒田苗	
	八月	沔陽州及監利縣久雨江水泛溢	低田悉渰無收	
	六年九月	石首縣江水泛溢風浪衝激隄岸	近隄之田被渰	
	八年七月	南昌南康饒州廣信九江吉安建昌臨江等府天雨不止江水泛漲	漂流居民渰沒田穀	
		江陵枝江二縣江水泛溢衝決隄岸	民田軍屯被患	

	十年七月	黃州府各州縣天雨連綿江水泛溢	田苗淹沒無收
英宗	正統元年九月	江陵公安二縣及荊門州大雨江水泛漲衝決圩岸	
	十月	揚州蘇州常州等府颶風大作海潮漲湧	居民漂蕩者各數百家
	二年十月	江陵松滋公安石首潛江監利縣江隄俱爲水決	淹沒禾苗甚多
	五年七月	南昌饒州九江南康等府自五月至七月淫雨江水泛漲	
	九年閏七月	岳州江溢	
		江都縣江中沙洲中夜風雨大作江湖泛漲沙洲水高丈五六尺	溺男女千二十人貲產田禾淹沒無算
	十一年二月	湖廣龍陽縣二月以來大雨洞庭湖隄決	居民男婦多被溺死漂沒廬舍禾稼牲畜無算
景帝	景泰元年六月	南京江水泛溢	壞城垣官舍民居甚衆
英宗	天順二年八月	安慶府屬江水泛溢	浸爛秧苗
	四年四月	武昌黃州漢陽襄陽德安辰州常德荊州諸府自四月至六月江水泛溢決隄	淹沒禾苗民多流徙
		瑞州南昌南康等府四月以來江水泛溢	二麥淹死顆粒無收
	五年七月	揚州府所屬海門等縣江潮泛溢	
	七年六月	九江府德化彭澤二縣天雨連綿江水泛溢	邊江民田淹沒無收
憲宗	成化五年六月	湖廣江夏縣水衝隄岸	
	六年十月	南京江水泛溢	衝塌上新河口岸南北共長一百三十四丈

	七年四月	南京江東門外江水泛溢	
	十三年二月	安慶府大雨江水暴漲	
孝宗	弘治七年七月	蘇常鎭三府風雨驟作潮水泛溢	平地水高五尺餘沿江地水高一丈
	九月	南京蘇常等府海潮逆湧江水泛溢	
		湖廣武昌等府州縣洪水泛漲一望無涯	軍民房屋俱淪沒
	十二年	安陸漢水溢	
武宗	正德十二年七月	湖廣荆襄等處霪雨江水泛溢	
		安陸漢水溢	田廬漂沒民多溺死
	十三年三月	衡州江水泛溢	浸入城郭民多漂沒
	十四年六月	漢江溢	漂溺人口
		揚州江海溢數丈	漂沒廬舍
世宗	嘉靖元年七月	南京暴風雨江水溢	壞城垣枝樹至萬餘株大江船隻漂沒甚多
		揚州大風雨江潮湧漲	溺死男婦一千七百四十五口
	五年	漢水決	
	八年	漢水溢	
	十七年	湖廣江隄決	

		樊城漢水溢		
神宗	萬曆二年	通泰等州縣江潮漲	漂沒人民無算	
	十年	湖廣興安州漢水溢	壞公私廬舍溺死數千人	
	十一年四月	承天府江水暴漲	漂沒官民廬舍溺死人畜無算	
	十三年二月	淮安揚州廬州及應天上元江寧江浦六合俱江濤沸騰		
	十五年七月	應天太平等府江湖泛溢平地水深丈餘	數百里之地一望成湖被禍甚烈	
	十九年	江陵黃灘隄決		
	三十六年	南京蘇松常鎭諸府江潮泛漲	淹沒無算	爲二百年未有之大災
		常德府江隄決		
	崇禎五年	襄陽大水		
	七年	儀眞江水暴溢	溺死老幼無算	
	十三年五月	安慶府江水暴漲	濱江田禾俱成巨浸	
清章皇帝	順治六年	湖廣江水大漲		
	九年	萬城江水決		
	十一年	湖廣沙洋縣漢水決		
仁皇帝	康熙二年	湖廣周尹店江水決		

	三年	湖廣郝穴隄潰	饑饉遍野	
	十五年五月	郝穴江隄潰		
	二十 二十一年	江陵江隄連潰漢水並溢		
純皇帝	乾隆七年	華容縣江水決	潰蔡田安津諸垸	
	二十九年七月	瓜州江水長至一丈五尺八寸		
	四十九年	南昌新建鄱陽餘干建昌等六縣江水漲	圩隄衝塌田禾被淹	
	五十三年六月	荊州大水	衝決郡城護城隄沿江隄漫缺二十餘口	
睿皇帝	嘉慶元年七月	漢水漲發水淹荊門		
	四年六月	漢水上游徙漲荊門潛江等處民隄被淹		
毅皇帝	同治九年	湖北湖南安徽江西等省均大水		近七十年來（除民國二十年外）各地水位以此年爲最高

（上表根據行水金鑑、續行水金鑑編訂。）

（二）說明

（甲）古時水患較少，而近代較多者，緣前民居未密，不與水爭地，沿江蓄水之處較多，故江流得以容匯下駛，不致漫溢。厥後就湖圍墾，沿江障隄，地雖闢而江流日狹，容量亦縮，故水患較多也。

（乙）揚子江水患以武漢、荊州較烈，實因江、漢、洞庭在此匯合，而江形紆曲，地勢窪下，即古雲夢、七澤之地，由此宣洩川、陝、湘、鄂數省之水，一遇洪潦，潰溢難免。至蕪湖以下，直達於江口，受潮水逆流，故查表內所列水患，多為江湖湧漲也。

（丙）唐以前江水多湧溢，而潰決為患，實始唐穆宗長慶四年。溢之患較緩而小，一遇潰決，則洪流直奔，千里為壑。蓋障隄拒水以為利，而水亦決隄以為害也。故昔之治江，多以疏導為主，而隄防次之。

（丁）查表內歷代患水之時，多在六、七、八、九諸月，以此諸月中雨量較多，所謂伏秋汛期，故今之防汛時間亦以此為標準。

第二節　民國二十年之水災

民國二十年被災區域，約自江蘇以上，泝至湖北沙市，計九百英里。自沙市以南，至湖南省洞庭湖，計一百二十英里。自九江以南，至鄱陽湖，計一百英里。其受災最重之區，湖北為洪湖以北之沔陽及漢口、漢川、黃岡、大冶等處。江西為鄱陽湖南半部之南昌、餘干、鄱陽等處。安徽自東流北岸之懷寧、桐城，至銅陵、蕪湖，則兩岸盡遭淹沒。江蘇為儀徵沿江一帶。其次重災區則濱江之域，比比皆是。善後救濟工振之耗費，約為數千萬元。至間接之損失，尚未可以統計。茲就二十年農村損失經濟調查之報告，列表如左（參照國民政府救濟水災委員會報告書）：

二十年揚子江流域受災農村損失統計表（單位十萬元）

省名	損失總計	每省損失百分率	受災家數
湖南	二、四八三	一九・三	四二四、二〇〇
湖北	五、三〇八	四一・二	一、〇二二、七〇〇
江西	一、一四七	八・九	二四三、三〇〇
安徽（皖南）	三、一四五	二四・四	六一三、二〇〇
江蘇（江南）	八〇三	六・二	二二四、三〇〇
各縣共計	一二、八八六	一〇〇・〇	二、五二七、七〇〇
每家平均損失（元）	五〇九・八		

（本表見揚子江防汛專刊。）

第三節　民國二十四年之水災

查揚子江沿岸遭災者凡六省，而以湖北、湖南、江西、安徽四省爲甚。四省中又以湖北爲最重。湖北七十縣有五十一縣受災，五十一縣中以天門、鍾祥、漢川三縣最慘。三縣全部淹沒，有百分之七十人口溺斃，其餘或遭饑餓而死。湖南七十六縣中有三十七縣受災，就中常德一縣受災地面已達三十九萬畝。

江西八十三縣中有四十九縣受災，永修一縣，死一千人，鉛山、德興兩縣，損失財產達四百萬元。

安徽六十縣有十三縣受災。茲將四省受災面積分述如下：

湖北　武昌、嘉魚、崇陽、蒲圻、陽新、通城、漢陽、蘄春、蘄水、黃梅、廣濟、黃岡、黃陂、孝感、雲夢、應城、天門、漢川、沔陽、京山、鍾祥、潛江、江陵、荊門、監利、石首、公安、枝江、松滋、襄陽、宜城、光化、穀城、宜昌、遠安、當陽、宜都、興山、秭歸、五峰、長陽、恩施、鶴峯、來鳳、鄖縣、均縣、房縣、竹山、竹谿、漢口市。

湖南　益陽、常德、岳陽、沅陽、漢壽、南縣、澧縣、湘陰、安鄉、華容、臨湘、慈利、石門、臨澧、平江、長沙、湘鄉、湘潭、寧鄉、瀏陽、祁陽、衡山、衡陽、桑植、安仁、邵陽、大庸、常寧、寧遠、通道、安化、麻陽、敍浦、鳳凰、桃源、沅陵。

江西　新淦、峽江、吉水、豐城、新建、永修、安義、泰和、清江、進賢、高安、武寧、吉安、萬年、慶南、龍南、鄱陽、星子、上高、上饒、南昌、光澤、婺源、修水、餘干、廣昌、彭澤、都昌、廣豐、貴谿、弋陽、樂平、奉新、德安、鉛山、東鄉、橫峯、湖口、德興、新喻、九江、玉山、銅鼓、定南、浮梁、信豐、萬載、瑞昌、分宜。

安徽　懷寧、桐城、東流、銅陵、望江、宿松、南陵、繁昌、蕪湖、當塗、貴池、潛山。

各省人口財產損失列表示之如左：

省名	受災地面（畝計）	人命損失	難民人數	財產損失
湖北	六六、〇〇〇、〇〇〇	漢川於二十九萬人中僅七萬人得救	七、一〇〇、〇〇〇	二〇〇、〇〇〇、〇〇〇元

湖南	五、〇〇〇、〇〇〇	不知確數	四、一〇〇、〇〇〇	二〇、〇〇〇、〇〇〇元
江西	二、八〇〇、〇〇〇	同上	一、八〇〇、〇〇〇	一〇、〇〇〇、〇〇〇元（永修一縣計）
安徽	四〇〇、〇〇〇	同上	三〇〇、〇〇〇	六、〇〇〇、〇〇〇元

據上表，可知揚子江四省約有七千三百萬畝爲水淹沒，不能耕種。難民有一千四百萬人待賑。而人民損失，則無確切統計。財產損失，約計三萬萬元。

（本節參照密勒評論一九三五年十月十二號孟長泳文。）

第二篇　各省水利情形

揚子江支流四達，交通便捷，平原之區，港道縱橫，灌溉利便，土地肥沃，厥田上上。故物產豐盈，廛肆殷盛，而魚、米之饒，棉、麻之富，尤爲衣食之源。觀其洪流浩蕩，舳艫千里，爲商賈所輻湊，不似黃河之艱於行舟也。然利之所在，害亦因之。清俞樾薈蕞有云：「頃晤家魚山侍讀於淮陰試院，以黃河利害相質問。魚山曰：『子知黃河之害，而不知長江之爲害尤甚也。予前使楚，見濱江州縣，受江水之齧岸者，小民深以爲苦，惜乎史乘不能悉載。』」其言雖似過甚，然徵之近年潰溢時聞，爲害之烈，亦不亞於黃河。蓋江流甚長，整治匪易，而古今形勢，亦有變遷也。昔時岷江出峽，分爲九江，瀦以七澤，水勢有所殺，水量有所容，故迂洄徐行，而氾災得澹。然江流挾萬山之水，奔匯下逝，晝夜不舍，山經雨化，水含泥行，氾濫淤積，致江身日高，沙洲日增，而湖瀦支流漸塞，此患害之屬天然也。人民因交通之便，濱水而居，見水之溢岸，而障之以隄。查襄陽古有大隄曲，是隄防之設，自商、周已然。厥後隄日增而江流日狹，加以小民狃於近利，濱江灘地，私自墾種，湖中淤積，圍築成田，致江湖容量減縮，而水以溢漫，此患害之由於人爲也。天然之變遷如斯，而人謀又未能盡臧，故宋、元以來，水患漸增，至近時而愈甚也。茲將各省水利狀況，擇要臚陳，以明其概焉。

第一章 四川

四川在揚子江上游，江流兩岸，多屬山陵，故水勢頗急，而灘險較多，鑿灘設堰，引水分渠，頗有灌溉之利，向少潰決之患，故語曰「江之利在蜀」斯言洵然。其築堰之法，始於秦李冰，至今二千三百年，猶蒙其利。按河渠紀聞云：「蜀中水利之大，無如都江堰。眉州之蟇頤，彭山之通濟，及嘉定夾江之楠木、龍興等堰，利賴皆不及都江之廣。堰鑿於秦時，導江支流，分引郫、灌、溫江及崇寧、新繁、新都、金堂、成都、華陽等縣，灌溉民田。後漸湮廢，民人止就隅曲之水，分潤濟涸，至清雍正五年四川巡撫題修疏，稱蜀省水利，川東、川南、川北，皆崇山峻嶺，並無應修應築之塘堰。惟成都地當平川，舊有都江大堰，灌十餘縣之田。李冰鑿離堆導江流，書『深淘灘，低作堰』六字於石壁，為千古治堰要訣。後人因之創為竹龍作隄之法，編竹籠納石於內，築人字堰，以資捍禦，歲事淘築人字隄。堰下又有太平堰、三泊洞、柏橋堰、上下漏礶堰、羊子堰、徐堰河、導江堰、牛子堰等處分流，而郫、灌、溫江及崇寧、新繁、新都、金堂、成都、華陽等縣，俱引水灌田，由來久矣。」

第一節 沿江各縣

（一）南溪

南溪縣在揚子江北岸，介瀘縣與宜賓之間。據縣府調查云：「南溪地勢，位於宜賓下游，江安上游，揚子江橫貫全境，分全縣爲南北兩岸，江流向東注瀉，自宜南交界之葛公山入境，至南江兩縣交界之石城墻出境，計水程一百里，作蚯蚓屈曲形。川河輪船，由渝至宜，南溪爲必經之地，惟以江岸淺平，未便停泊，以是輪船多直駛過境，頗少停留焉。江流尚屬平穩，上下船隻，除筲箕背一灘外，甚少遇險。筲箕背位於縣城上游，相距約十里，水流湍激，水底有堅石礌口，每至冬季水涸，行船觸及灘石，多致沈沒。至每年夏季，江水漲度，亦屬有限，尚無大害於田畜。然亦有特殊情形，如前清光緒乙巳年間，江水陡漲數丈，兩岸房屋田地，漂沒甚多，治城亦被水沒其半，釀成空前巨災。迨至民國六年，亦遭漲溢，惟較之光緒年間，尚低三尺耳。江水漲度雖不甚高，而沙岸平坦，流勢寬闊，如種植大小麥類，均須提早收穫，否則，卽有淹沒之虞。除早種早收之外，尚無其他防禦良策。蓋築隄防水，與鑿深河底，固屬可行，但因轄境江流，達一百里，工程浩大，恐不易舉耳。」

（二）江安

江安縣在揚子江南岸，北與南溪隔江相望，據縣府調查云：「本縣水程，不過八十里，兩岸多係巉巖高岸，其中古賢垻、康家垻、陽村垻、小垻、董垻等，雖江岸不高，然非洪水泛漲，不憂淹沒，故本縣弭災興利之事，向少舉辦也。」

（三）長壽

長壽縣在揚子江北岸，介巴縣與涪陵之間，據縣府調查云：「揚子江流經縣境，僅五十餘里，斜度較大，河面亦廣，尙無汎濫之災。惟枯水時，縣屬王家灘一段，深度僅二丈，漕口甚窄，往來船舶，稍不經心，卽有擱淺之虞。此外關於興利方面，如水力之利用，河牀之疏浚，均當深長計畫，尙待努力進行也。」

（四）涪陵

涪陵縣在揚子江南岸，黔江西岸，介酆都、長壽之間。據縣府調查云：「本縣溪河塘堰，分佈甚廣，其較大支流，注入揚子江者，厥爲黔江、么灘河、梨香溪、渠溪四支流。蓋黔江、么灘二流域，沿岸多係岩石，農田水利，少有利用。至梨香溪、渠溪兩流域，沿岸概屬泥土，利於灌漑。揚子江在境內約一百十五公里，兩岸傾斜，土多沙質，間有平原或稍傾斜之耕地，河底多砂石，水中間有沙洲，可資耕種。一屆盛夏，洪水暴發，淹及沿岸農地，但不致成災。冬季一至，水勢逐漸降落，沿河土垠，頗宜種植，農家一逢乾旱，則挖塘築堰，以資灌漑，雨水過多，則掘溝以排水，依照舊規，並無新法也。」

（五）酆都

酆都在揚子江北岸，介涪陵與忠縣之間，地勢較高。據縣府調查云：「縣境濱臨長江，位置較高，向少水災，惟上下游灘險甚多，每年當七、八月間，上游險灘，有灶門子、捲篷子、觀音灘、大佛面、土地盤、送客堆、磯碑梁、百丈灘，下游有關石灘、林閣老等，就中以觀音灘爲最，水流甚急，値泛漲時，雖汽船亦不能渡，前經明季開鑿，仍無大利。至磯碑梁則橫亙江心，長可三百四十餘丈，亦爲險灘之一也。」故其地較高，而水流較急，灘險旣多，亦無灌漑之利也。

（六）萬縣

萬縣在揚子江北岸，爲四川重要之地。據縣府調查云：「本縣揚子江經過兩岸，全係山坡或岩壁，並無平原廣疇，每値江水漲時，不過坡地雜糧，小有損失，殊無嚴重水災。惟城市南津街、土橋子街道，每年水漲，常被淹沒，商民遷避，頗形艱難。城市上游四十里許之大湖灘，洪水月分，水勢騰湧，上下船隻，頗費撐持，木船至爲危險，輪船亦有障礙。似應設法打平以便運輸也。」

（七）巫山

巫山縣在揚子江北岸，西連奉節，東界湖北之巴東，地居三峽之間。據縣府調查云：「本縣瀕揚子江上游，自奉節之瞿唐峽口，下至湖北巴東所屬之編魚溪，沿江水勢湍激，每當春末夏初，江水泛漲，最高度在十丈以上，此種情形，數年或十數年一見。普通高度，每年五六丈或七、八丈不等，沿江較低之禾苗，常遭淹沒，無法救濟。縣城之東，有巫溪小河一道，經過縣屬之龍溪、大昌兩鎭，匯入大江，每當春雨暴發，水流更急，導治尤非易易。」

第二章　湖北

湖北地處中部，揚子江東西橫貫，北受漢水，南納洞庭，至宜昌以下，地勢平衍，江流灣曲，自黃陵廟而至團風，東西七、八百里間實爲患水較烈之區。古有雲夢七澤，爲受水之地，於江、漢左右，開通穴口，足資宣蓄。自枝河湮而穴口塞，圍墾盛而江面狹，水患時有，全賴隄岸以資防禦。按清乾隆九年湖廣總督鄂彌達奏曰：「全楚吐納衆流，而楚北爲尤甚。疏洩之法，勢固難行，而修築之功，實不可緩。武、漢各屬，城郭都會，逼臨水次，環水而居者，半以水邊地畝爲生涯，全賴堤塍，以資保護。其險要之處，有亟宜增築防衛者，謹分晰言之。武昌郭外江面約寬七、八里，受荊江、湘江之洪流，自洞庭大湖，直瀉而下，勢如建瓴，繞城之西北而東注。城西南之保安門外，有金沙洲，洲中腴壤滿目，煙戶萬計，洲之左偏，爲蕎麥灣，緊臨大江，向有老隄一道，長二十五里，外防江漲，內衞民田，實金沙之隄防，即武昌之保障也。自江流衝激，日增崩坍，乾隆二、三年間，卸去隄身六十八丈，刷進隄腳二百餘丈，嗣復於老隄內築月隄一道，然工程單薄，江勢洶湧，久經衝決，至今尚未修築。相其地勢，須再退內灣裏築大隄一道，先於根底密釘排樁，塡築以固其址，然後增高培厚，庶永爲不拔之基。此武昌隄工之最要者也。又漢江險工，莫如安陸府屬之沙洋，而沙洋之險，又在水府廟、鄭家潭等處，現今動帑修築沙洋大隄二十里，足資捍護，特是漢水日就南滚，每遇伏秋汛水，隄腳難支，昔人遇險處，每築一隄，必退築月隄一道，或兩道，重層障禦，所謂一包三險也。今沙洋之隄，如鄭家潭、水府廟諸處，並無月隄，今隄身瀕近河干，不過數弓，設遇暴漲，人力難支，亟宜添築月隄，此安陸隄之最要者也。」（見續行水金鑑）此言武、漢居江、漢之衝，而安陸府屬又當漢水之險處，設隄保衛，甚屬重要。而其南之江陵、公安、石首、監利諸縣間，江流灣曲特甚，水勢浩瀚，設遇潰溢，則沔陽、漢陽，亦遭其魚之患。考湖廣通志云：「江水發岷山，抵巴東，入荊襄，至岳陽，與洞庭水合，其中受決害者，惟荊州一郡爲甚。自明正德、嘉靖、萬曆，荊江告警無虛日。康熙癸巳決於萬城，漭漭巨浸。癸卯決於周尹店。丙辰潰郝隄。辛酉、壬戌黃灘疊決，展轉數年。乾隆己亥、辛丑均經被水。」又云：「川江當江陵、公安、石首、監利、華容間，自西轉北，向東回南，勢多迂曲。至岳陽自西南復轉東北，逆流而下，故決害多在荊州。夾江南北州縣，沿岸爲隄，咫尺不堅，千里爲壑。」故江流以荊州爲險，隄工亦較他處爲艱，歷代加以注重，不敢忽視者也。綜觀江流情形，以湖北受害最烈，蓋不疏漢水，無以救楚北，不治荊江，無以救楚南，疏通支河，則經緯相持，而隄岸亦可固矣。

第一節　沿江各縣

（一）當陽

當陽縣在宜昌東北，荊門西南，地勢較高，離江亦遠。據縣府調查云：「本縣位於揚子江之北，距江尙有百餘里。境內有沮、漳二水，沮水自房縣發源，經遠安縣入境。漳水自南漳縣發源，經鍾祥、荊門兩縣入境，流至縣屬之兩河口會合，南趨沙市入江。二水河牀最淺，每値春、夏水漲，易致泛溢，入冬卽涸，惟極小帆船，可以通行。然二水發源地勢極高，河旁河底均係沙石，疏浚頗難，卽令勉爲疏浚，而水漲沙積，易還原狀也。而沮水在遠安境內，完全石底，開鑿尤難，有此數因，故水災常見，利頗難興也。」

(二)枝江

枝江縣治在揚子江南岸，西北接宜都，南界松滋，地勢西高而東北較低。按隄防考略云：「江流至此分派，如木之有枝，故以名縣。縣東至江陵，南至松滋，西北至宜都，周圍廣三百八里，縣治依高阜，向無隄防。惟縣東南有百里洲，袤延百里，南有蘆洲、澌洲、漢洲、華洲，皆夾生大江之內者。自百里洲、楊林洲、賽礡灘、蔣斗灣、窖子口至流店驛，復轉北，自董灘口、土臺、古城腦而下，至礶嘴灘、流店湖。又自礶嘴灘而南轉，至澌洋洲、觀音寺，直抵松滋米家埠對岸，皆有隄。其最要害者，莫過於石城腦、蔣斗灣二處，係通洲上流，一決則勢若建瓴，莫能捍禦。又洲內人民雜處，互相規避，故隄工視他縣尤難」。（見續行水金鑑）又近據縣府調查云：「本縣濱臨大江，上抵宜昌，下達沙市，實爲江流衝要之地。以前江流，係自縣治下十五里之洋溪鎭，東流六十里，直達松滋縣治。再由松治三十里，直達枝屬江口鎭，以抵沙市（此爲現時之南大江）。現時江流，係自洋溪鎭由西而下四十里，達董市鎭，再東流三十里至江口，以達沙市（此爲現時之北大江。）查北大江面積，較南大江約在兩倍以上。且行駛小輪，在夏令江水泛漲時，由沙市開往松滋者，經由江口直達松滋。冬季水涸時，則由江口至董市，再經洋溪，始折轉松滋。故北大江冬夏暢行無阻，此可知江流之趨勢也。民國二十年大水，民隄潰決不少，二十四年夏，潰隄二十餘處，秋後又遭水患，南北重要隄垸，類多潰決，空前浩劫，較二十年災情爲慘也。現擬就北大江上自洋溪，下至江口，中間百餘里，從事疏浚，即遇江水泛漲，亦可順流而下，此不獨枝屬沿江隄垸可告無慮，而松屬各民隄，亦得保固，雖工程浩大，實爲一勞永逸之計也。」

（三）松滋

松滋縣在揚子江南岸，西北界宜都、枝江，東連江陵、公安。按湖廣通志云：「縣地勢平衍，三峽之水，迸流至此，最難防禦，而又當公安、石首諸縣之上流，江隄一決，正衝諸縣胸腹而下。縣東五里有古隄，自隄首橋，抵江陵之古墻鋪，長亙八十餘里。且舊有采穴一口，可殺水勢。宋、元時，故道湮塞。明洪武二十八年決，嘉靖三十九年以後，決無虛歲，下流諸縣苦之。較隄要害，惟余家潭之七里廟、何家洲之朝英口、古墻之曹珊口爲大。其餘五通廟、胡思堰、清水坑、馬黃岡等隄，凡十有九處，中多獾窩蟻穴，水易浸隄。」松滋離江爲近，距洞庭湖較遠，其水患情形，與枝江大約相同，當不若江陵、監利諸縣之甚也。

（四）江陵

江陵縣治在揚子江北岸，東北界潛江、沙洋，西南接松滋、公安，爲古荊州郡治，地頗重要。清胡在恪江陵隄防議曰：「江出岷山，漢自嶓冢壠、萬川以東注，而荊州正當其衝，稱澤國焉。蓋江水在瞿塘、灩澦間，爲諸山所束，屹崪盤礴，雷呴而電激，既出峽口，始得展逸，勢以前驅。夏秋一漲，頃刻千里，而經江陵、公安、石首、監利、華容間，自西而北而東而南，勢多迂迴。至當陽，自西南復轉東北，迸流而下，故決害多在荊州夾江南北諸縣。縣各沿岸爲隄以禦水勢，由來久矣。江北之隄，自當陽以下之逍遙、萬城以至監利，不下四百餘里，而江陵之黃灘隄在縣東南二十餘里，一決則江陵、潛江、監利、沔陽、荊門皆爲魚鼈，蓋古所謂衝巫峽以迅激，躋江津而起漲者。以東至沙市，有砥突出大江數十丈，捍蔽江水，水爲之稍紆抱，而黃灘之怒差殺。其後蕩焉無存，而水之向黃灘者，駭崩浪而相礧矣。稽古大禹灑沈澹災，以奠高山大川，而自漢、唐以暨有明，南郡大水，荊州大水，史不勝書。嘉靖二十六年，沙洋隄決以後，水災殆無虛歲。萬曆十九年，江陵黃灘隄決，民之溺死者無算。二十一年癸巳，逍遙隄旋潰，距今九十餘載。國朝庚寅年，江水大漲，時幸瓦全，嗣後癸巳夏，江水決於萬城，郡城東數百里茫然巨浸，戶遍逃亡矣。癸卯秋，江水決於周尹店，逮丙辰之五月，麥秋方至，而郝穴之江隄潰矣，犬哭鳥散，鳩面鵠形，直繪圖所難盡者，展轉數年，流移略集，而辛酉七月，黃灌倏決，一望直溟渤尾閭耳，人自爲築，功爰告成。壬戌六月，江隄復決，漢水並溢，所謂隄防者，衝盪漂流，於斯爲盡。」（見行水金鑑）

此言江陵之水患至爲詳盡。而縣屬沙市之江岸，因水流沖擊，頗多變遷。查清大學士阿桂奏疏曰：「荊州府治對岸一帶，向有洩水之路八處，近惟虎渡一處，現在尚可洩水，其餘七處，俱久在湮廢，江水分洩之路既少，又沛市對岸有地名窖經灘，向來祇係南岸小灘，近來沙勢增長，日加寬闊，江流爲其所逼，漸次北趨，所謂南漲北坍，以致府城瀕江隄岸，多被衝塌，屢次淹浸，其故或由於此。」（見續行水金鑑）又江陵隄防考略云：「沙市正古江陵地，陵阜自荊門西北來二百里，臨江正扼水衝。南有虎渡穴口，分流洞庭。北有章穴、郝穴二口，殺流出漢口。而潭子湖、洪水淵三湖等處，俱爲湖瀦蓄水池。故漢、宋以前，無大水患。迄元以來，沙市、高陵，牢圮入江，章穴復湮。嘉靖十一年決萬城隄，水逼城西決沙市之下隄而南。二十一年以後，又以浮議築塞郝穴口，諸湖瀦又多淺淤。三十九年，一連亘浸各隄防，蕩洗殆盡。四十五年後有司稍稍修復，然不如古隄之堅矣。」綜觀江陵形勢，因江水自宜昌至此地漸平坦，水漲沙停，易致泛溢，昔時多開穴口，故江水稍殺。今北岸諸口盡塞，一遇洪水盛漲，宣洩不及，潰決爲患，理勢然也。

(五)石首

石首縣治在揚子江南岸，西界公安，東鄰監利，北抵江陵，南接湖南之華容，地勢低窪。顧氏天下郡國利病書曰：「縣東西廣三百八十里，南北袤百里，俱夾江南北，而縣治一面濱江，勢復下溼。自元大德七年決陳瓮堘隄，薩德彌實挽築再築黃金、白楊二隄護之。不一歲陳瓮再決，趙通議始開楊林、宋穴、調絃、小岳四穴，水勢以殺。迨明初四穴故道俱湮，隄防漸頹，嘉靖元年決雙剅垸，三十四年衝洗戴家垸，三十五年決車公腦，四十五年決藕池，頃年始修南岸，自公安沙隄至調絃口隄，凡四千一百餘丈。北岸自江陵淇水淵至監利金果寺隄，凡千有餘丈，其間楊林、瓦子灣、藕池、袁家長剅尤爲要害。」按石首襟江帶湖，與監利等縣，最當水患之衝，對於隄防，向所注重，近民國二十年及二十四年，均遭潰溢，是宜設法堅固隄岸，並疏治荊江，庶石首之江患或可稍殺也。

(六)監利

監利縣治在揚子江北岸，潛江縣南，石首縣東，地勢低窪，水患較烈。按湖廣通志曰：「縣東至沔陽，西至江陵，南至華容，北至潛江，周遭四百五十里，正江湖匯注之地，勢甚汚下，鄉民皆各自築垸以居。而縣治臨江有一枝河，流貫城中，歲苦水患。元大德間，趙通議開赤剎穴，江流以殺。明初穴湮，乃築大興、赤射、新興等二十餘垸。成化間又修築黃師廟、龍潭、鼉淵等一帶隄。嘉靖十八年塞十八灣河，又祝家墻塞後隨決。四十四年黃師廟、李家埠、何家墻、文家垸、金家湖等隄決，大興垸亦大潰，嘗一修築。自龍窩嶺至白螺磯，凡二百六十餘里。頃年江勢南齧，而水患漸消矣。」自清以後，情形稍變，一遇江患，監利實當其衝。近據縣府調查云：「縣境大江斜貫，上自拖茅埠起，下訖界牌止，綿長三百六十餘里，灣環曲折，橫流湍激之處甚多，而以車灣為最著。車灣江流，上自搭馬洲至朱家巷，向北屈曲展轉至磚橋，長約六十餘里，江至曲處，則流力乘其曲而橫射，水不由江心行，轉向岸腳洗刷，則岸腳隨之崩塌，水性愈乘虛而趨之，故崩愈甚者，其流愈急，即江心亦愈深。北岸水急，則南岸水緩，水緩則濁泥易於沈澱，而漸成沙洲。車灣之形同葫蘆，其朱家巷取徑至王家棧，則為葫蘆之頸，至今相距不過五里內外。若自朱家巷至王家棧開成引河，使水從朱家巷一直下行，不復繞道至車灣，則舟楫往來可減少六十餘里之行程，交通稱便，而車灣之向稱江隄最著險工，十年九淹者，從此亦得永慶安瀾。且匪惟監利一邑之幸，而下游各縣，亦可免波及之患，國賦民命，兩俱利賴，誠治江之要圖也。」是車灣附近之開鑿引河，足以利航運而澹水患，實為監利最重要之水利工程也。

（七）武昌

武昌縣在揚子江東南岸，當漢水入江之處，與漢口、漢陽隔岸相望，江流頗急。清湖北巡撫史貽直奏疏曰：「武昌爲楚江省會，岷江之水，湍激東奔，沔、漢之川，沸騰西匯，大別山聳峙其北，高羅峯屏列於南，沿城西南一帶，適當二水之衝，兩山之夾，每遇暴漲，勢若建瓴，駭浪洪濤，吞齧城堞，粤稽古蹟，唐、宋既築長隄，元、明每加修治，壘以巨石，保以松椿，錮以鐵液，鎮以鑄犀。當年鹽艘俱泊武昌城南鮎魚口，例係淮商按船帶石，以資修補。迨後鹽船移泊漢口，遂弛輸石帶修之事，年久傾圮。小民無知，每將坍圮土石，乘間挖取，日侵月削，習爲故常。今沙土淤鬆，狂瀾衝激，每當西風狂撼，江漲連天，水勢直刷城根，時遇漫溢。」（見續行水金鑑）是武昌隄岸之修築，甚爲重要。而江中沙灘，日漸增大，致水流不暢，每易泛濫，故對於灘地之開浚，亦屬不可或緩之舉。近據縣府調查云：「長江自漢水會流後，水量激增，在昔南有沙湖、北湖與梁子湖，原爲瀦洩之地。迨武豐、武惠及樊口隄相繼告成，而水路愈窄，加以北岸有武湖與陽邏、高岡以迴其流，南有青山、白滸山以遏其勢，致令隄外沙灘（如逼近青山之天心洲）繼長增高，梗阻江心，爲患匪淺。再下則有田家鎮兩岸高岡，夾緊水面，使流量更爲減少。夫上游之水，挾多量之泥沙，澎湃而下。而下游之岡陵隄防，則左遮右攔，以致宣洩不暢，泥沙瀦停，以故每屆桃汛、伏汛，水量特別增大。不僅青山以下，崩潰難免，即武、漢三鎮亦往往演成澤國。今欲弭武、漢之水患，宣下游之積滯，應先疏浚沙灘。查青山一帶隄外沙灘，上起武豐隄之張公祠，下至白滸山麓，縱長約九千丈，橫寬平均約三百六十丈，計得面積三百二十四萬方，平均浚深一丈五尺，共計四千八百六十萬土方，假如分五年挖除，每年應挖除九百七十二萬方。關於田家鎮一段，應設法實行爆破，藉以增寬江面，加大流速，武、漢下游，造成暢流之局，則武、漢三鎮，自可免泛濫之災也。」

（八）鄂城

鄂城縣在揚子江南岸，與北岸黃岡相對，南界大冶，西達武昌，東抵蘄春。據縣府調查云：「江水自黃州赤壁下，折而東旋，全力俱集於南岸本縣所轄各長隄實首當其衝。在前淸時，洋瀾、八堡半等隄所以能歷數十年而一潰者，全賴西雷、蟠龍等山突出江中，爲之緩衝，以減少江流之下壓力，近年以來各方之採取山石者，絡繹不絕，雷山之洲尾，西山之月亮石幾於採削殆盡，長此開放不加禁止，勢必天然壁壘完全破壞，水流衝擊，砥柱毫無，卽令遵照國府計劃，沿隄加高培厚，而大泛之時，水與隄爭地，以人爲之土隄，而敵排山倒海之水力，影響所及，勢必使周原禹甸，長淪澤國。此事與全縣江流關係甚大，徵之舊時成規，察之現在狀況，實以保存沿江西雷等山爲弭災與興利之不二良法，如能於已破碎者，拋置礮石，未破壞者，嚴厲禁止，再加以修隄建閘，則標本兼顧，全縣人民，必可永慶安瀾矣。」

（九）陽新

陽新縣在揚子江西南岸，西北接大冶縣，東南與江西省連界。據縣府調查云：「本縣水利，以隄防爲主，所有隄防，屬第三區境內，計有四顧、海口、菖湖三隄。四顧隄與大冶相共，前數年大冶縣城，因藉水防匪關係，將水滿堵，不使流洩，而沿湖居民受害甚鉅，嗣經開閘，因湖水太滿，水力過大，遂將石閘沖崩，現已規劃修復，尚未興工。海口隄身長十餘里，隄之下段，係二十年水災後修復，頗爲堅固，上段則因隄身外有一細圍爲外障，當時並未修復。細圍土質係屬浮沙，雖尚稱高厚，不足以抵禦狂瀾。至海口隄石閘，則因年歲過久，閘身內所塡之土，被水洗空，閘基已裂。菖湖隄離江岸過近，江岸崩至隄者已非一處，二十四年江水漲時，隄決十餘丈，雖隄內築有複隄，亦難抵抗，致田園廬舍，盡被淹沒。以上三隄修復工程，均屬浩大，舊時成規，係按照受益田畝攤派工費，近年來隄內居民，迭遭災歉，生計困難，非藉政府之力，不能修復也。」

（十）廣濟

廣濟縣在揚子江北岸，東界黃梅，西鄰蘄春，東北與安徽毗連。據縣府調查云：「本縣所轄江流，上有永全隄，長四十二里，中有官山長十里，下有盤塘隄長七十二里，共計長一百二十四里。關於水利方面，因有永全、盤塘兩隄之保障，可免除全縣一部分之水害。舊時按畝派工，挑土補修。此外尙有黃、廣二縣共有之梅濟隄，頗屬重要，對內可以免除山洪積水之害，對外復能防禦江水之倒灌，現該隄有名無實，應速設法增建者也。」

第二節　沿漢各縣

（一）鄖縣

鄖縣在漢水北岸，居省之西北角，與河南接壤。明王鑑之曰：「鄖隄封七邑，悉居萬山，水行其間，皆湍悍噴薄，無停泓涵蓄之致，潦則激射，旱則促縮，民恆爲病。先代有以郡治之東，靈泉之西，鑿石爲渠，塹河爲堰，以溉田者二，曰武陽，曰盛水，爲利甚薄。歲久湮沒，軍民每計田以爲修築，不過伐木畚土，苟簡目前而已。時雨驟作，山溪飲滿，水勢奔突，向之所伐所畚舉隨之去矣。渠水涸竭，涓滴如金，爭訟如蝟，苗之不碩，歲之不登，俗之不淳，悉由於此。」（見湖北通志。）又縣府調查云：「鄖縣濱臨漢水，上自鄖西交界板橋舖起，下至均縣交界遠河口止，長約二百八十餘里。歷年秋、冬、春三季水勢尚平，可行帆船，上通陝西白河、漢中等地，下經襄、樊直達武漢入揚子江，中雖有險灘惡石，不利行船，尚易設法整治。惟每年時值夏季，水勢洶湧，雨暘均勻，尚無大礙，倘大雨時行，危害農、工、商業，影響政治、經濟等等，甚爲浩大。蓋縣境四方皆山，溪澗交錯，漢水之外又有堵河。綜查全境平地甚少，濱河兩邊縱有平地，寬長不過一、二里，居民耕耘悉在高山峻嶺，一遇霖雨，即山洪暴發，每致田廬沖毀，人畜漂沒。如此巨患，徵諸遠年雖不多見（查鄖縣清同治六年曾大水一次，）而近來如民九、民二十等年迭遭水害，尤以二十四年大水爲最慘。考究原因，雖由大雨連旬所致，要亦由人口日增，民窮日甚，盡量砍伐樹林，開墾荒地，從事耕種，以致水量無處涵蓄，一遇大雨，即成災害也。若不設法整治，後患何堪設想。整治方法，擬分治本、治標兩項，而治本以植水源林，及疏河爲要。治標以修築東南城垣隄防，及炸毀險灘惡石爲要。」

（二）襄陽

襄陽縣治在漢水西南岸，北至穀城光化，南抵宜城，東鄰棗陽，西界南漳，與樊城隔岸相望，地形重要。據縣府調查云：「考襄陽縣志，襄城之西有檀溪湖，樊城之北有五大堰，一則容襄渠之水，一則瀉清河之流，以減輕漢水之勢。今則檀溪五堰，由淤塞而化爲桑田，下游尾閭淤洲沮洳滿目，又無大挑之制，以盡疏決之能事，故二十四年漢水暴漲，滾河、滀河、唐白河、淸河之水，自北而南，橫阻於下，襄陽倚老龍隄，遏之於南，樊城倚火星觀，遏之於北，水無去路，遂演成潰決之患，非偶然也。然無火星觀，則樊城失其屛障，無老龍隄，則襄陽不能保存。襄陽關係南北樞紐，爲武漢咽喉，保隄卽所以保城也。今火星觀、老龍隄，因保障襄陽之故，既不可廢，勢必師古人遺法，於隄之南，觀之北，量其形勢，決溝渠，蕩堰，疏洩尾閭，俾襄渠、淸河之水，有所歸宿，復於漁梁坪洲尾，仿照前淸十年大挑之制，於農息之時，依勢疏決，俾唐白、滾、滀之水，得暢流而出鹿門，則補偏救弊，得標本兼治之宜，庶將來水患，或可少減也。」

（三）鍾祥

鍾祥縣治在漢水東岸，西界荊門，東鄰京山，北抵宜城，南達沙洋。顧氏天下郡國利病書云：「縣自石城而上，至豐樂驛，凡二百二十餘里，舊無隄塍，每水泛漲，西岸則漫至沿山岡，東岸則漫過池河等湖，亦薄長岡而止，蓋以湖爲壑，以岡爲隄也。自石城而下，由蔡家橋板灣上下流，連馬公洲、小河口，以達於南河，迂迴三百餘里，土人總名之曰紅廟隄，最爲要害。然常考之蔡家橋，舊有口通二聖套入湖，殺漢勢。又流漣、金港二口支河達赤馬、野豬等湖，由靑樹灣，入金臺港，大分漢流，以故隄得無虞。後半湮塞，不可復疏。明嘉靖二十八年以來，諸隄盡決，有司屢議屢輟。蓋由荊州右衞與景陵、京山三縣軍民雜處其間，互相推託，而格議撓法者過多，致此耳。」近來亦因水利失修，幹支各流均屬淤淺，民國二十年及二十四年，漢水暴漲，潰溢隄岸，被災甚酷也。

（四）京山

京山縣在鍾祥東，應城西，天門縣以北，地勢高卬，距漢水稍遠，顧氏天下郡國利病書云：「縣治依山爲城，其境土半係高阜，自古無水患。但下里有一面逼近漢江北岸，上則接連鍾祥及荊州右衞等處諸隄，下則有小河、南河、紫金潭、拖船埠等處，直抵景陵界，地勢下溼。自明嘉靖三十年來，鍾祥、荊州右衞之隄一決，遂衝入本縣拖船埠等，六十餘處，連歲屢築屢決，迄無成功。蓋本縣隄防，與鍾祥、景陵、荊州右衞諸隄相爲脣齒，一處不堅，勢難獨保也。」

（五）荊門

荊門縣在漢水西岸，北鄰鍾祥，東界京山，南接江陵、潛江諸縣。其縣屬之沙洋鎭，濱臨漢水。按襄陽府志云：「沙洋一帶，爲隄則茅草嶺、七林洲一帶無歲不有衝決之患，然猶二、三年一見也。至永鎭觀衝決，而雞鳴、長城、周坡、大赤，渾成巨浸，周坡自同冢下至風門，皆豬水之藪，卽漢水不溢，隄不破，但淫雨作祟，亦積澇不消，收者十之五六，若陂一決，水勢滔天，盡澤國矣。」蓋漢水自北南下，流勢甚急，至沙洋鎭轉而東南流，下達潛江，泥沙淤淺而宣洩不暢，故水患較多也。

（六）潛江

潛江縣在漢水南岸，地勢較低。按湖廣通志云：「漢水多泥沙，自古遷徙不常。但均陽以上，山阜夾岸，江身甚狹不能溢。襄樊以下，景陵以上，原隰平曠，故多遷徙。潛、沔之間，大半匯爲湖渚，復合流至乾鎭驛中分，一由張池口出漢川，一由竹筒河出劉家隔，以故先年安、襄一帶，雖遷徙而無大患者，由湖渚爲之壑，三流爲之瀉也。明正德以來，潛、沔湖渚，漸淤爲平陸，上流日以壅滯。嘉靖初年，安陸、石城故道，改徙沿山灣。二十六年，決荆門沙陽鎮。三十九年，決紅廟隄。四十五年決襄陽老龍隄。宜城故道，改徙鵠灘新河，而竹筒河復湮淺十餘里，下流又日淤阻，故水患多在荆、襄、安、陸、潛、沔間矣。」此言漢水災患，不僅關係潛江一縣，惟潛江處漢之中游，與沔陽情形相等，故向以沔、潛並稱。近據縣府調查云：「潛江縣地居鄂中，東界沔陽、天門，西界荆門，南界江陵、監利，北界京山。襄河東西直貫縣北，河南岸之澤口，闢一支流爲東荆河，南流至監利、沔陽而入江。全縣地勢平坦低窪，襄、荆兩河河身，均高出隄內田垸，歷來謀全縣之水利者，只在培修襄、荆兩河隄防，以求減少潰決之災害，因地垸低下，以減輕大汛期入江之水量，故絕無水利可言。其垸內之開溝，及修垸事宜，均與全省水利有關，非僅一縣問題也。」

（七）沔陽

沔陽縣在漢水南岸，揚子江北岸，東達漢陽，西界潛江、監利，地勢低下，湖渠交錯。按沔陽州隄防考略云：「沔陽舊以富饒稱，蓋以地當江、漢之間，最多湖渠，民便魚鮮之利，又因湖渚環隄爲垸，而業耕其間，誠樂土也。自五代時，高季興節度荆南，築隄以障漢水。自荆門綠麻山至潛江，延亙一百三十里，因名高氏隄。而江漢隄亦自監利東接漢陽，長百數十里，名長官隄。沔民賴焉。迨明隄防漸潰，至成化甲午、宏治庚申水大漲，正德丙子復漲，丁丑如之，皆乘舟入城市，後都御史秦金、布政使周季鳳以江水長決監利之車木隄，漢水長決潛江之班家隄，俱修之，其丈以千百計，然未能高堅，水至即圮。」沔陽地最下溼，江、漢交衝，湖北每遭水患，沔陽未能或免，民國二十年，受災尤慘。察其形勢，其患不在沔陽之本身，蓋濱漢之潛江，與沿江之監利，一遇隄決，其水勢直趨沔陽，洪濤洶湧，如在釜底，故昔以富饒稱，今因屢遭災而貧瘠矣。

（八）天門

天門縣在漢水北岸，西界沙潛，東接漢川，北接應城、京山諸縣。按湖廣通志云「縣治低窪，遶四汊、竹臺等湖，即禹貢三澨故地也。漢水至此分流，一由黑牛渡經張池、竹筒二河，分入漢川劉家隔者為正流。一由小河口，經漁薪河、巾臺河、牛角灣出風門者為枝流。二流會合，經涢口、蔡甸並出漢口，此水故道也。明嘉靖二十六年以來，四汊等湖，大半淤淺，而竹筒河、牛角灣二處，水道中湮，故縣治苦水患。其最要害者，青山、甄林、里澤、急走灣上下淵河，直衝縣治，抵楊林垸、灌滸堰，則一邑皆為水壑矣。又有堵兒灣決口在潛江，而天門實受其害，俱可慮矣。」

（九）漢川

漢川縣在漢水西北岸，西界天門，東鄰漢陽，北接孝感、應城諸縣。按湖廣通志云：「漢川縣境東至漢陽，南至沔陽，西至景陵（即今天門）北至雲夢，正當漢水下流，故有長湖、橫湖、覩湖、龍車、小松等湖以蓄水。又有城北南湖、魚湖、蓼湖、西岡、水洪等垸以禦水。漢江至此分流，一由張池口經縣治，一由竹筒河出劉家隔，二水復合，流出漢口，故無大水患。明嘉靖三十九年，漢水大溢，各垸隄俱潰，而竹筒河中塞五十里許。其張池口河身又復淺狹，以故水多壅滯於鍾祥、景陵間，而劉家隔之估船不得通於漢，民亦病之。」是漢川自明以前，水患較少，迨竹筒河淤塞，水流不暢，而患害日甚，民國二十四年夏因漢水盛漲，而漢川一縣，受災尤慘云。

（十）漢陽

漢陽縣在揚子江西岸，漢水南岸，西界漢川，東鄰武昌，地居重要。按湖廣通志云：「郡城與武昌對峙，大江環抱，東南漢水合灄水、沔水、沌水，與大江會於縣北，漲則彌漫於諸湖，爲卑窪田地之害。案縣舊有襄陽口在漢口北岸十里許，卽古漢水正道。漢水從黃金口入排沙口，東北轉折環抱牯牛洲，至鵝公口，又西南轉北至郭師口對岸曰襄陽口，約長四十里，然後下漢口。明成化初，於排沙口下，郭師口上，直通一道，約長十里，漢水徑從此下，古道遂淤。且漢口雖爲漢水瀉流之地，但爲江水汹湧，直截其口，流不能洩，復逆折而上，故太白、新灘、馬影、蒲潭、沌口、刀環等湖，易以泛溢，而春夏水漲，郡治苦浸沒，其障禦全藉大別一山，故從來未設隄防。」查漢陽當江、漢二水之衝，每遇二水盛漲，多溢隄岸，且江中沙灘，逐漸淤高，亟宜設法疏浚，俾可減少水患也。

第三章　湖南

湖南濱大江之南，有湘、資、沅、澧四大水，流入洞庭湖以匯於江。而臨湘、岳陽、華容、南縣、安鄉、澧縣、常德、漢壽、沅江、益陽、湘陰等濱湖十一縣，地最窪下，水患較烈。昔時洞庭容量尙廣，足資蓄瀦。今則南受境內之水，北納荆江之流，湖面日狹，湖底日高，洞庭、荆江，交相爲害，而濱湖諸縣之水患，幾頻年不得高枕矣。按淸黃海儀荆江洞庭利害考曰：「洞庭北受江流，有虎渡、采穴、景淪、調絃諸口之水，而湖勢益雄，然自古不聞江爲湖害。自宋南渡之後，國家貧困，以荆南屯留之卒，藝種民田，築江隄，塞穴口以籌兵食，而水道一變，江患遂起。元大德九年，按口開疏，共計六處，江南、江北，分殺江勢。順帝之末諸穴復湮，南惟虎渡，北惟郝穴。明嘉靖初塞郝穴口，隆慶中浚南岸之調絃口，江北之口盡塞，而隄益加固。江南則虎渡之外，又增調絃。江之分注，專屬於南，其流遂急，湖南之水患，自此增焉。故邑所隸之洞湖村，今爲無何有之鄉矣。國朝康熙五十三年，減出荒糧一千八百餘畝，舊志所謂村里名存而實亡，十之三四。然乾、嘉沿湖間慶豐稔者，則以虎渡寬止十餘丈，調絃廣半里，水細泥少，湖底洸深，力能容納，故洸沒雖甚於前，懷襄未及於今。咸豐十年，藕池鎭決口之寬廣與江身等，濁流悍湍，澎湃而南，水既增加，湖身淤淺。今華容當口處，澤皆成洲，湖至冬涸，褰裳可濟，北增十倍之流，南無吞吸之地，此數年來水患所以頓加也。議者謂古有九穴十三口，江水分流於穴口，穴口流注於湖渚，湖渚洩流於支河，支河瀉入於江海。使穴口盡開，將大江分作二十二派，自無江患。又有謂穴口湮塞，故道難尋，惟隄防可恃以爲固。案開浚之說，雖屬探本，然生齒日繁，廬舍分錯，冢墓交加，二十餘派，按處疏瀹，其勢殊難。隄防之說，雖間有成效，然大決所防，傷人必多。爲今之計，當酌二說幷用之。江南諸口宜塞，惟虎渡禹蹟仍舊。江北諸口亦宜塞，惟郝穴一處當浚。蓋導江入湖，湖仍歸江。楊林咽喉壅阻，水常逆流，無福於江，有禍於湖，此南口之宜塞也。江入荆州至郝穴南轉，最爲要害，丁其瀠漩，洞開門戶，俾達武、漢，則江怒減半，水力不驕，各處從而隄之，庶毀掘止及一處，而江防可固，湖流不增，濱洞庭而居者，不致其魚之歎，卽江北倚隄爲命者，亦可免夫哀鴻之歌矣。」（見湖南通志）故以今日情勢而論，每屆江湖並漲，則湖北之公安、石首、監利，湖南之臨湘、岳陽、華容，其間千百里內，洪流浩蕩，蓄洩不暢，汎濫爲患，理勢所然，設遇潰決，厥害更烈。故不治荆江，無以拯湖南之患，不浚洞庭，無以濬湖北之災，交相爲治，斯交相爲利，初不能各存畛域，以鄰爲壑也。

第一節　沿江濱湖各縣

（一）澧縣

澧縣在洞庭湖西岸，東界安鄉，西抵石門，南達臨澧、常德。按澧縣水道圖說曰：「澧境西南，遠依羣山，地勢頗高，東濱大湖，土旣平衍，性復鬆浮，蓋洞庭拖北沮洳場也。境內大川有五，曰澧水、澹水、涔水、道水、大江水，凡入澧諸水，皆因澧以達於洞庭。故澧九水，兼得澧稱，如澹曰澹澧、涔曰涔澧、道曰道澧是也。澧水東至彭山下爲朱陽山所阻，徙而北流。明宣德時，於城西開口，直入城壕。成化初指揮柴啟於西南東三面爲石隄護城，於衙口下建石櫃，名文良制。制者，所以制水也。」又縣府調查云：「本縣地勢西北高東南低，所有澧水及大江支流均自西北入境，向東南流而入洞庭湖，其在境內河道縱橫交叉，向稱順適。及明末張居正開放江隄五口後，江水居建瓴之勢，自北南下，注入澧水正幹而出洞庭。唯澧水下游地勢平坦，水勢緩淤，漸形墊高，而發生爭奪河槽泛濫之患。考澧水由西向東南流，其中段雖間有妨害水流之處，近已亟謀開放，自後當可暢流。唯自匯口入安鄉境後，卽分東南兩支，其南支爲正幹，向經安鄉縣羌口鄉之保河隄、雞公嘴直流入湖。現因雞公嘴圍隄阻塞，致河流西折入澧境高地，而再折入湖，曲折迴流，水勢停淤，澧、安近年水患，胥由如此。其東支自匯口東南行，合大江支流，經安鄉縣城及南縣之白蚌口而入湖，向爲澧水支流，河身窄淺，現因南支停淤，變爲澧水必由幹道，故與大江支流時起爭奪河槽之患，而泛濫成災。是以欲弭澧、安水災，須以開放雞公嘴河道爲要圖，並將澧水及大江支流分道入湖，俾可免爭奪河槽之患也。」

(二)安鄉

安鄉縣在洞庭湖中，東接南縣，西南濱湖，東北界湖北之石首縣。安鄉州志云：「邑在洞庭之濱，辰、沅、朗水來自西南，石、慈、澧水匯自西北，又岷江、虎渡分趨自北，徑抵縣城，資、湘各水雖不涉縣境，而橫截洞庭，瀦蓄難洩，築隄僅堪禦小浸耳，若各並漲，勢高於隄，波濤洶湧，雖甃石不能護。惟平時於上下淤流處，不聽民規利圍截，水多一分容納處，斯隄免一分震撼耳。」按安鄉地質，多係泥沙淤積而成，縣境日闢，卽湖面日狹，以後對於截圍墾植，宜積極禁止，以廣容量，庶可減輕安鄉之水災也。

（三）華容

華容縣在洞庭湖北岸，西界安鄉，東接岳陽，北連湖北之石首、監利等縣。清陳士元議曰：「華容當大江、九江之衝，江水較漢稍清，不異於澧。自杜豫開漕，以瀉江勢，而東邑之湍悍稍紓，邑西之流漸浸巨，故江水橫截華容，注之洞庭。范晦叔岳陽風土記，謂「華民多舟居，常產卽湖地，建寧、南隄決，卽被水患。」建寧今石首，南隄卽今調絃，夏秋必決必溢，二邑江患相表裏。垸最巨者，安津、蔡田官垸，一遇漲潦，堤卽衝決，冬月水退，有司發粟，集民修之，而於隄之堅脆弗問也。宋熙寧初，遣使察農田水利，蘇軾上疏，以「遣使察農，必大煩擾，吏卒所過，雞犬一空。」修垸弊同於昔，邇來建寧諸隄悉潰，江水散流，潛、沔、枝江隄決，水奔黃山、鹿河，漫流邑之西鄙，故邑河勢殺。不然，幾以城爲市也。宋史、閩越皆有陂湖，湖高於田，田又高於江海。旱則放湖水溉田，澇則決田水入海，故不爲災。然此可行於浙西耳。垸民心殊力惰，少旱則決隄引水，坎穴叢楚，甚者以施筌蒙罟。今之計，莫若督令民於垸中鑿陂，嚴禁防，謹蓄洩。乃安津、蔡田諸湖弛稅，令民溉田，而縣令取水面錢至盈百，訖無成功。垸民又於垸外水濱，墾田植稻，謂之湖田，湖無稅額，三歲一熟，熟則倍獲厚利，此所謂涸梁山泊，可得良田萬頃，而王安石懼無貯水之地者也。圩田、湖田，起於宋政和以來，使遇賈讓、杜豫，諸垸尚在興廢之間，況垸外乎。然有洞庭爲之瀦，亦不致大害，修內圩，明賞罰，爲今日要務。至調弦開塞之議，

雖無成說，以勢觀之，塞固漲而西，開亦漫而東，今開者幾百載，即欲塞之，莫能也。」（見湖南通志）

（四）岳陽

岳陽縣在洞庭湖東岸，揚子江南岸，爲江湖交匯之處，地最重要。按巴陵（即今岳陽）縣志云：「九江挾支溪，無慮數百而共匯，則洞庭爲之壑。當春、夏泛漲，湘水北流，荊江南溢，瀰漫澎湃，黏天無壁，濱湖卑窪之地，大半淹沒，此隄防所宜急講也。郡城據湖東岸，每當西風撼擊，重湖之浪，雷般地震，齧石嚙沙，山麓日虛，土從而潰。舊志謂：「江心皆古闤闠，」以今較前數十年，尚日見侵削，知昔之崩頹，不可以尋丈計。夫近城隄之善者，莫如宋之偃虹，外可障城垣，內可泊舟楫。當事者率以費繁功鉅，不敢議築。明隆慶初，郡守李時漸修護城隄，亦偃虹遺意，今廢且久。此新城所以不能不徙也。今以近城形勢察之，惟九龍隄可不修，而永濟隄宜復，南津隄尚可議也。九龍隄即汴河之岸，業已開壅，不當衝激，故不必議。永濟隄建自明成化二十年，上自城北演武廳起，下抵城陵磯。考李文正公記，當時所費僅三千餘金耳，墾田可至數百頃。甚者變椌居爲市集，化棄地爲膏沃，用利少而獲利多。順治十年，康熙五年，兩經修築，此故事之可奉行者。南津隄爲明宏治間郡守張金所築，遺址猶隱約可考。亦當仿永濟舊制，置柳建橋，甃石爲閘，以時消息而啓閉之。邇者里民置田設渡，以便行旅，使由此積而復之，則舊隄可完，義渡可不設矣。至城西二邨，向惟舊江有隄。穆湖間有亦廢，洞湖淪入巨浸，固無隄也。大約穆、洞二邨，其近山諸處地勢高半面受水，尚可以議土功。自陳家林以東，當九江之下流，萬派之水，皆經此出，值秋、夏之漲，此地表裏江湖，腹背受敵，何隄防之能爲，即或能之，湖口益狹，則郡城益險，而永濟、南津，俱不可圖矣。至對江洲地，漸於君山、後湖一帶，廣輪數十里，秋時水落，雖可以藝植，終當聽水之去來，而不可與水爭利。若夫偃虹護城，其功誠鉅矣，然難在一時，而功在百世。九江之衝，齧亙終古而不息，城勢必不能以屢徙，司牧中將必有滕、李宏才，獨爲其難者。」舊志所言，頗爲詳盡。蓋岳陽、禹貢時爲東陵，後稱巴陵，表裏江湖，向屬形勢，自湖之西岸日漸淤高，而東岸因水趨東北而入江，波濤齧蕩，日見促削，則護城隄岸之保固，實爲重要也。

（五）臨湘

臨湘縣在揚子江南岸，湖南省之最東北角，北界鄂省之監利、嘉魚等縣，西南毗連岳陽。據縣府調查云：「本縣地居洞庭下游，當荆、湖兩水會合之衝，每值春、夏水漲，飛流急湍，勢如建瓴，而與湖北嘉魚縣共有隄身，綿長二十餘里，盡被侵撼，以故汛期一至，時多潰決。且近年來本縣第二區之土磯頭，與湖北新隄附近各淤沙洲，堵塞江心，宣洩不暢，泛濫彌殷。興利防害之法，厥非修防與浚江同時並舉不爲功。又查本縣西偏幹隄，略有基礎，若加高培厚，則可免江水泛溢。惟西北第一區之沅潭聶市及第五區之灘頭各處，水由太平口輸入黃蓋湖，每當水漲，該處廣袤十數萬田畝，輒被淹沒，居住十數萬生靈，屢遭浩劫，不有救濟，終難幸免。如能於太平口築一橫隄以遏倒灌，則水無由而入，庶可免淹沒之患也。」

第二節　沿支流各縣

(一)桃源

桃源縣在沅江下游，東北界常德縣，地形西南高而東北低下。據縣府調查云：「查沅水發源貴州雲霧山，縈迴千餘里，流域之廣，支流之多，不亞湘、漢。自本縣而上，河身爲羣山所束縛，尙無泛濫之虞。一入縣境，率皆平原曠野，每當春、夏之交，山洪暴發，則東、南兩鄉，盡成澤國。陬市湖坪尤爲水患最甚之區。揆厥原因，固爲匯流過多，縣境爲其尾閭，而出水之口，左爲河洑，右爲木塘，救濟之道，惟有從河洑山下決一支流，與常德漸水相會，則沅流自暢。抑或從延泉對岸依黃漊、港山順闢一港，經木塘再行入沅，亦可以殺沅水橫流之勢，而免泛濫之虞也。」

(二)沅江

沅江縣在洞庭湖南岸，資水北岸，東連湘陰，南界益陽。據縣府調查云：「淸時以揚子江上游之水，挾泥沙由藕池口灌入洞庭，致湖身日窄，水量逐漸減少，因此水位漸高，故各垸隄塍，雖經逐年加高培厚，仍不足以禦水，致災患頻仍。其浚治辦法，關於洞庭者，則應疏浚湖身，凡有礙水利之荒洲，嚴厲禁止修築。關於河道者，資水自沙頭至黃口潭一段，支流自縣城至黃口潭一段，其中新街口、千秋浹、拳頭灣、馬王灘等處沙灘，均應疏通。其他洞庭支流，如羅家洲至鶯柯頭一段，亦應疏浚也。」

（三）益陽

益陽縣治在資水南岸，西界漢壽，東接湘陰，地勢東北低而西南較高，按益陽縣志云：「益陽水患有三，一曰上江水，一曰南水，一曰西水。上江之水，由武岡、邵陽而下，經益陽入洞庭，則千家洲沿河油麻、合興等垸首受其衝。南水由衡永而下，經長沙、湘陰入洞庭，則灘頭等垸首受其衝。西水則江、漢合沅、澧諸水，由洞庭逆上，夏子口、西林等垸首受其衝。上江水、南水，其源近每於春、夏驟漲，其水勢迅疾，隄防立潰。西水其源遠，每於夏、秋逆壅，來勢雖緩，常經數月不退。若三水並集一時，上下洶湧。加以風濤，縱有甚堅之隄，無不崩摧。法宜水涸時，取冬土及時堅築高厚，將漲之際，預備松椿蘆葦，糾工防禦。」

（四）湘陰

湘陰縣治在湘江西岸，長沙以北，東界平江，西南接益陽、寧鄉等縣。按湘陰縣志云「縣居洞庭之濱，東北一帶，悉巨浸也。而縣治之西，水勢更甚。其地生聚繁而土地廣，防遏不可不預，而圍有十六。南則沙田圍，偪江與楊柳垸相間，中隔樟潮嶺。由是而軍民、荊塘、金盤灣、斗韓灣等圍，隄雖間設，各有塍限。而東莊一圍，則居軍民之東。古塘、塞梓二圍，又居韓灣、灣斗之西北。湘、烝匯流，自西遶東，下至湘陰，是南水也。沙田一圍之東，實當首險，此水由支港入楊林、軍民等隄之東南，皆受頂衝。資水、沅水，會湘水達於洞庭，是西水也。西南夾湧，洪波灌激，在沙田一圍之西，爲頂衝焉。次及於楊柳、軍民、荊塘各圍之西北。而古塘、塞梓二圍，界連沅江，爲沅水頂衝焉。至北則有余家垸，西北有莊家圍，暨黃公、魯家、賈馬、蔔蒟等垸，濱臨大河，地益曠而土益鬆。其水自西而內出，自南而外入者，悉於是會歸。湖浪迎衝，一經水漲，隄塍衝潰，頃刻灌滿。統計各圍險處共一萬九千四百九十八丈。至各水內外出水積水之區，向係民力歲修。港則設之涵口，塘則立有剅溝，閘則因時啓閉，以資灌溉，其立法詳且盡矣。」

（五）衡陽

衡陽縣居湘水西岸，據縣府調查云：「本縣爲湘、蒸、來三水萃會之所，湘水發源於廣西靈川縣海陽山，蒸水發源於邵陽東南，來水發源於來陽西北，蒸、來二水，均經本縣城北會合入湘。每當霪雨連日，三水會聚而水患頻仍者，均因湘河、七里灘一帶，純係石灘，長約十餘里，阻止水流。二則蒸、來二水，因泥沙壅塞，河道日狹，天雨多降，水卽湧漲，高至數丈，田園被淹，屋宇傾圮，每年爲害，均達四、五次以上；如不設法疏浚，則低窪居民生產絕望矣。」

第四章　江西

江西在揚子江之南，湖口、九江等縣，濱湖帶江，全省之水，均匯於鄱陽湖。明萬恭復三湖九津水道碑略曰：「章貢之水，西招吉袁、臨瑞之流，大瀦者爲贛河，一千里繞而左。又軍峯之水，東招杉關、建撫之流，大瀦者爲撫河，四百里繞而右。繞而左者穿樵舍、吳城入於湖，爲西鄱湖。繞而右者，穿楊家灘，趙家圩入於湖，爲東鄱湖。兩湖又北駛百里，始混一於彭蠡。」（見江西通志）按彭蠡卽今鄱陽，與洞庭、太湖，均爲中國巨浸。明陳敏政曰：「彭蠡湖匯江西十三郡六十餘縣之水，由湖口以出於江，每春、夏雨集，峽水盛長，江流湍急，而湖水勢緩，爲江流所遏弗得出，則水益漲而益闊，瀰漫數百里，長洲巨灘不得蹤迹，與洞庭、震澤，俱爲天下之巨浸焉。凡舟楫之經於是者，幸天晴風便，波浪不興，則揚帆徑度，亦易易爾。不幸半濟之頃，值風雨驟作，巨浪如山，前奔後擁，潛蛟怒鯨，從而出沒以作其勢，舟行少失便利，輒蕩覆破碎，雖有仁人義士望而憐之，莫克援救也。」（見江西通志）故其險狀與洞庭相埒，惟淤淺不若洞庭之甚耳。而濱湖沿江之田，爲利頗厚，其贛江之上流，水勢多急，漂沒爲患。明王宗沐江西大志曰：「江西水南引章貢合瑞秀，東瀉玉葛，益餘撫合於湖入江。其旁諸民舍田，旱頗取以灌，而民間諸陂塘，亦數修治得不敗。諸水合流雖衆，而彭蠡下深廣，匯受如結囊，湖旁田須秋冬水落草腐地肥，卽以雜種布置之，不治自蕃。其歲旱他縣田不收，則湖旁方大利，入數十倍，菱荷粳牧之入不與焉，此非天地所以不愛遺利阜民，使有藉賴不偃臥哉。然餘支流其始小，其將畢乃鉅。章貢自虔州北下，合流多潦，久不霽則漲溢澒洞，飄廬舍畜產，瀰野漫樹，沿江被其害。流自峽江以下益多，水勢急而隄壋之沒，豐城尤被之，苦決難塞，丁夫歲不下數萬。馬湖、平豐、灘頭、黄埠、鴉鵲茅諸處，每決輒數百十丈，田沒不耕者不可計。而其後撫州亦築千金隄，千金隄者，盱水流經撫州城，下達瑤湖，西合臨水，環玦抱麗。然流達孔家渡，地平土疏。唐時決齧，漸失正道，因建華陂以遏支。咸通中始名千金，而決口入國朝三倍初數。其他諸縣陂塘，歲久藉湮廢，大家勢族稍鶩利專之，有壅溉己田者，塡淤爲平地者，衆持不修者，縣官不時察，致占塞，爭訟繁興，每一旱，輒稼傷不登，其源皆起於專利。卽如漢詔縣官有司知重農急百姓病，以時行田間，辨其疆理，通梗塞，蓄洩流注不爽期，諸隄岸用隙時提撕修築之，則豈有昏墊戾溺，又或傷旱困百姓者哉。膳完故隄，增卑培薄，數逢其害，勞費不已，賈讓謂爲漢治水下策。大抵功役興則謗議起，而民難與慮始，非卓然急民興利，志垂功名不磨，不能及也。古者立國居民，疆理土地，必遺川澤之分，度水勢所不及，大川無防，小水得入，陂障卑下，以爲圩澤，使水有所休息，左右流波寬緩而不迫。土之有川，猶身之有脈，脈壅塞不行，則病蹊盭。長源大澤，獨可使隳失道湮橫流渺沒不防哉。」（見江西通志）

又清江西巡撫陳宏謀奏曰：「江西一省所屬郡縣，非濱江帶湖，卽環山逼嶺。近湖之地，勢與水平，民間築有圩隄閘垻，以資捍禦。地以內之民田廬舍，烟火萬家，每遇水發，全仗圩隄閘垻，周圍堅固，始保無虞，一有衝漫，均遭淹害，此以圩隄閘垻防水之害者也。近山之地，高下畸零，開墾田地，既防衝決之爲患，又苦灌溉之無資。惟有修砌陂塘堰圩，水至可資防禦，水少可資灌溉，此又以陂塘堰圩防水之害，而卽資水之利者也。江西水利不外此二者，而年歲之豐歉亦卽關係於此二者矣。」（見江西通志）綜觀諸說，頗中肯要，今之言江西水利者，當可引爲殷鑒也。

第一節　濱湖各縣

（一）瑞昌

瑞昌縣在鄱陽湖之西，揚子江南岸，東界九江星子，北連湖北之黃梅、廣濟等縣，地勢西北高而東北較低。江西通志云：「瑞昌縣有瀼水，上接湓水，明宣德間，知縣劉仁宅引水迤邐至城南，環繞治後，居民利汲。清江臯曰：「瀼治西北帶山，大河繞其東。水發源洪下諸山，奔流數百里，與潯、瀼相接。先是河之故道，自北而西，又折而東注，環城周匝，清流映帶，帆檣雲集，居民賴之，且表形勝焉。次山詩云：「扁舟到門」或此意也。明萬曆己卯間，有以齧城爲患者，決新河以殺其勢。歲久水勢奔潰不可遏，舊河淤塞，迷其故道，因之地改其形，民失其利，日就彫敝，風俗不張，職此之故。」

（二）九江

九江縣在洞庭湖西岸，北濱揚子江，西界瑞昌，南接星子，與湖口東西相望。明葛寅亮記曰：「郡城自廬山來，復返而向廬前，迎九龍諸派匯爲南湖。是南湖者郡城之所吞吐，而仰受灌輸者也。湖之水西行合龍開河，復北折會於大江。」又曰：「封郭洲者，在江北，其隄綿亙三十里，民田可三萬六千餘畝，而湖地屯田亦幾其半，江北蟻聚資以果腹者數萬。卽江南素封大家爭負爲平泉陸海。歲大熟，收常倍。江南絲、枲、芋、菽，及縣官租賦所不給者，若以此爲外府。獨苦江流憑陵，春、夏水大溢，全以其利予波臣。先是萬曆三年，督撫楊公觀察魏公始築外隄，易沮洳爲場圃。三十六年，直指史公又建石閘，以備隄內之蓄洩。歲癸丑淫雨，大浸稽天，前所築外堤潰其七口，新建石閘亦崩圮十之三。余乃悉發贖鍰及稅犯贓金，募夫倍築，以癸丑年十月某日始事，告成於某月某日，所決七口，咸復其故，隄長三千八百丈有奇，悉培而高廣之，閘亦增修，金城屹然，無復可攻之勢，卽猝遇方張怒濤，尙能挾其勝與波臣戰也。」（見江西通志）

（三）星子

星子縣在鄱陽湖西岸，北界九江，南連德安，卽淸之南康府治也。明陳敏政記曰：「南康當揚瀾左蠡之衝，波浪之險尤甚，故凡舟之至是者，必擇深灣曲港泊之，以風平浪靜而後行。其近地可以泊舟渚者，上三十里曰豬溪，下五里許曰神林浦，客舟往往集焉。惟郡旁皆高崖峻岸，洪濤巨浪日夕衝撞其間，非特往來者無所於休，而居民之舫驛遞之舟，亦無所於藏，由是商旅不停，貿易靡獲，而居民益貧。惟所謂西灣者，水漲可容數百舟，而其灣淺狹，內無委曲之港，外無捍浪之隄，南風捲浪，往往或毀民垣壁。宋元祐間郡守吳審理，始於灣口構木爲障。崇寧四年郡守孫喬年請於朝，以石爲隄，延袤千有百尺，廣二十尺，橫截洪流之衝，中闢爲門，以通舟出入，內浚二澳，可容千艘，人以爲便。」又明吳國倫記曰：「城當彭蠡湖一面，湖受章、貢、弋三江之水而成巨浸，禹貢所載「東匯澤爲彭蠡」是也。揚瀾左蠡縣流而下，稱江湖絕險，南康以斗城扼之，能保無陵谷之虞乎。宋淳熙間，水勢漸迫城西，時晦庵朱子爲郡守，大治隄以障之，至今號紫陽隄不朽邇年水勢徙而漸南，南城人患之。」（均見江西通志）

（四）南昌

南昌縣治在贛江東岸，濱鄱陽湖之南。清怡良記略曰：「南昌爲古豫章郡治，外濱章江，內有湖以瀦水，曰東湖。今別爲東、西、北湖，隨方異名，其實一也。唐觀察使韋公，於城之南偏築堤以捍江，開渠爲水關，建內外閘，以資宣節，會城別開豫章溝，引水東北出城，入賢士湖，匯青山湖，由牛尾閘歸箭江，下東鄱陽。章江合南贛、寧都、吉袁、臨端七郡之水，源遠山深，勢剽悍。而章江過會垣西城下，北入南康之西鄱陽，尚二百里。西鄱陽尾，即接湖口之八里江口，即入岷江。岷江合川、陝、滇、黔、湖南北六省之水，當湖之漲也，江漲同時並盛，常倒漾。章江水抵湖，常渟洄上泛。箭江止受撫、建二郡水，又東去會垣三十餘里，北至瑞洪，合廣信江，下東鄱陽，纔二十里。東鄱陽寬大倍西鄱陽，又去岷江遠，水有所容，勢常弱，能消漲，以此歎古人度地行水，盡心民事，爲不可及也。」（見江西通志）

（五）鄱陽

鄱陽縣在鄱陽湖東岸，東北界浮梁，東鄰樂平，南抵萬年、餘干等縣。明周廣記曰：「郡之城左偏爲隍者曰東湖，湖故有隄，唐刺史李公復築以捍江爲城備，歲久隄圮。湖以隄障亦爲泥沙閼淺，遇水泉涸則可途，有患無利，公私病焉。湖周迴三十里，瀦芝山、崇福、雲南、薦福諸山水，西薄郡城。西北則鄱陽縣學挹其勝，永平通衢橫亙於南，有釣橋、畫

橋、德新橋以出入水道。顧惟德新橋坽隘口，當春、夏水溢，一瀉無障，城猶無隍也。」（見江西通志）

（六）湖口

湖口縣在九江之東，彭澤之西，外江而內湖，形勢最爲重要。清萬承倉記曰：「贛水經南昌北流，匯爲彭蠡湖。又北過湖口、九江入江，瀦盛洩湍，兩石鐘山扼之，驚濤怒奔，虹洞駴目。我國家權關於此，稽察非常，吳、楚、巴、蜀、滇、黔、百粵之貨畢集，日無慮千百艘，望旌收帆，候使者命乃得度縣城下。故有虹橋港甚隘，隆冬水涸，舟不可入，夏漲僅椓百栈，餘悉艤江滸，每西南風作，觸石抵巖，或彼此互相擊擿，檣折底脫，人溺死無算，蓋天下關泊之險，未有過於此者」，（見江西通志）

（七）彭澤

彭澤縣在揚子江南岸，西南毗連湖口，北部與安徽之望江、宿松相界，爲江流衝要之處。據縣府調查云：「縣境內有芳湖、太泊湖可資灌溉。芳湖爲一、三、六等區山洪歸納之所，祇以湖底過淺，春漲夏澇，江水倒注，沿湖一帶良田，多沈淪於波濤之中。應於芳湖出水兩旁借原有之七、八號洲隄中間建一開閉自由之石閘，以作挑水灌水之用。如是則湖旁數十萬之田畝，則可獲利。又馬華隄爲安徽之太湖、宿松、望江，湖北之黃梅、廣濟，江西之彭澤、九江所公有，長約六十華里，隄內地畝共約五十餘萬畝，其有關於國計民生至大且鉅。民國二十年迄二十四年馬華隄潰決三次，損失之數奚止千萬。查馬華隄地畝最少者，莫若彭澤，而所管理隄綫幾佔全隄十分之四，權利義務，適成反比。且該隄犬牙交錯，管理不便，例如隄近望江，而地屬彭澤管轄，隄近彭澤，而地屬宿松管轄，以故汛期一至，險象環生，員工之支配既難，而江河遙隔，尤非一蹴之所能及，事屬三省，步驟難同，故隄岸不免危險，似亟須切實整理者也。」

第二節　沿支流各縣

(一)豐城

豐城縣在贛江下流，北界南昌，西南達清江縣。宋劉德秀曰：「豐城爲贛吉下流，地勢窪甚，歲春夏水暴至，方縣數十里匯爲巨澤，縣兀然居中，以隄自障，堇堇不沒，以故傍縣之田，率以夏潦退，然後敢卽功，夏、秋之交，水勢殺則治江岸，以約水歸故道，俾無橫溢，幸得迄穡事，歲以爲常。湻熙戊戌，水齧上流之岸，曰覼巷。未幾，又齧下流之岸，曰聶家壋。始隙甚微，簣土可窒，吏媮民惰，弗究弗度，歲歷滋久，至大潰決。由是傍縣之田無稔歲，熟視莫可奈何。」又淸袁守定曰：「贛水出豫章、南野山谷間，行二十里，挾千山萬壑之流，而遶豐邑城西，又折而城北，蓋南贛、袁、臨、吉諸水之委也。城之上游，有山名黃金，城峙捍西岸。又有苦竹洲，橫大江中，其沙日生，以激水使東。於是五郡之水，盡齧江之東岸，而豐之城郭受其齧矣。每春、夏水汎，大江北流，澎湃蹴地，重湖南侵，浩浩滔天，惟長隄如線，孤城若丸，浮巨浪中，而僅得不沒，識者環視城郭，每有民其魚矣之歎也。考舊志，官是方生是鄉者，大都拳拳於水患，而建議有三：一曰開西河，以分水勢，而西河旣開，則安沙垻以下稅田數千頃，盡爲水宅，而民病於食。一曰遷縣治，以避水鋒，而甃城千丈，烟火萬家，非倉卒可移之物，且城可移，而環城之墳若田必不可移，勢將盡棄之以予水，而所傷滋大。一曰鑿苦竹洲之土，實厥家湖，以殺水勢。無論隨鑿隨淤，徒勞罔益，而舟載河西之土，置之河東，用力艱而其費且不貲之數者，皆斷斷不可行，適爲民病。然則爲今日計，所以保城者惟隄，所以保隄者爲埽，二者常相倚以爲用，舍此無良術也」（均見江西通志）

(二)清江

清江縣當袁水入贛之處，東北抵豐城，西南界新喻，北連高安，南達新淦，清臨江府治也。按清江西巡撫白潢奏疏曰：「江西省城西南有袁、贛二江，北至臨江府地方合流下注，春、夏水發，往往沖決隄岸，浸漫田土。臨江府北，舊有土橋老隄，偪近江流，保護清江、豐城、高安三縣地方田廬，最爲緊要。自康熙四十年，被水沖決，因循未修，至五十二年，江水大發，決處更加衝激，有二里長一段，竟成深潭。近隄之田，水衝沙壅，已爲廢田。離隄遠者，被水衝溢，廣四十餘里，長三十里，計田一千五百餘頃」（見江西通志）是清江地當二水合流，勢頗衝急，保固隄岸，甚屬重要也。

(三)吉水

吉水縣在贛江東岸，地勢較高。據縣府調查云：「本縣地濱贛河，向無河防工程，連年水旱交乘，災祲迭見，雨水過多之時，均爲贛河洪水倒灌縣境，往往釀成巨災。查贛河灣曲，河內泥沙礁灘峙立，在在足阻水流，若欲從事疏浚，非有整個計劃，不克有濟。又境內灌溉，向以陂塘爲主，其原有工程，已淤塞傾塌，蓄洩失利。現擇農田灌溉切要之處，實地勘測，征派民工五十萬，分配工作，陸續興工，預計二十五年一月完成。此外植樹造木，亦屬重要，預定每年春季，全體動員，厲行造林，以弭災患，此本縣興修水利之大概情形也。」按造林與水旱甚有關係，況吉水地處贛江上流，苟能普遍植樹，則下游之水患，亦可減少也。

（四）臨川

臨川縣治在盱江西南岸，東界金谿，西達豐城，北接進賢，南抵崇仁、宜黃等縣，清撫州郡治也。宋趙與𨋚記曰：「惟撫爲郡，以二水合流，號曰臨汝。考之圖志，臨川水在縣西五十里，源出定川，以今地勢觀之，合宜黃、崇仁諸水，由郡城而西，趨豫章，赴彭蠡，此臨水也。汝水源出南城爲盱，自盱入石門爲汝，由郡東過文昌堰，繞北城至西津，與臨水合。郡城之山發迹軍峯，重岡複嶺，嵬峩岌嶪，北行二百里，至此爲二水所束止焉。回環繚繞，如玉圍腰，金石臺屹峙於外，故里讖有臺分堰合之語。川融山結，鍾奇孕秀，人物瑰異，生聚繁庶，江右之巨鎭也。汝之上流距城七、八里，舊有支港決而他出，又越二十餘里方合，與正流相爲消長。若支盛則正壅，褰裳可涉，越旬不雨則絕流，地脈枯燥，風氣渙散，自唐已有千金坡遏支而行正，然陂常潰決。紹興間，郡有富民王姓者，極力築隄以捍，歲久復毀。嘉熙間，太守計院趙公師都，嘗經營於上流，順地勢之直，別鑿小渠引水，以至擬峴臺下，事未及竟，旁無障閼，復成絕瀆，後之來者，顧瞻永歎，欲作而復輟者屢矣。」又明徐良傅論曰：「初汝水自盱來，達於瑤湖，望郡以趨西合臨水，抱郡城若環玦，此山川之本性，古今之經流也。其利民之大，俗所共睹。撫三面阻河，以形勢則壯，充溢支渠，以水利則博，傳舍臨隍，以譏守送逆則便。舟楫達於四門以轉輸懋遷則利。而風氣完固，亦在其中矣。此昔人相土卜勝，設險建國之意也。然自瑤湖以達於今孔家渡，地平衍而土疏惡，中唐時始決一口。春水暴齧岸善崩，仟陌歲縮，支港橫溢，正道湮淤，生民坐失鉅利。上元間守臣嘗建華陂以遏支而行正。大歷中刺史顏眞卿繼築之，名土塍陂。貞元中刺史戴叔倫繼築之，名冷泉陂。咸通中渤海李公繼築之，名千金陂，軍倅柏虔冉始爲之記，而千金陂之名至今未改。自此水復故道，西過黃塘橋口，湧連樊之流，東則長寧、長樂、臨汝，西則靈臺四鄉之間，溝澮綺錯，脈絡股引，灌田各數千頃，言水利者尤急焉」（均見江西通志）

（五）南城

南城縣在盱江上流，東北達臨川，西界宜黃，東連資溪，南鄰黎川、南豐等縣，地勢較高。按南城縣志云：「盱居江省上流，建瓴而下，河水無三日之漲。陂塘之屬旋圮旋修，利澤如故。然存者雖多，歲月既深，易侵難覈，至溪澗數流，佃其傍者，或陰決陂堰而顯利之，其勢未易盡復也。」查南城水利，重在陂塘，苟蓄水得宜，當無亢旱之憂也。

第五章 安徽

安徽居揚子江之下游，淮水流灌省之北部，而南部則江水由西南而東北，兩岸地勢平衍，土田肥沃，號稱產米之區。北岸爲宿松、望江、懷寧、桐城、無爲、和縣等縣。宿松、望江湖泊較多，一遇洪潦，則江湖交侵，每易成災，故馬華隄之修築，頗屬重要。懷寧受皖水之下注，無爲接巢湖而通江，全椒之水，由含山而達和縣，是皆有利灌溉，宣蓄失宜，即爲災患。南岸爲東流、貴池、銅陵、繁昌、蕪湖、當塗諸縣。貴池因貴池水之流注，水利問題，較東流、銅陵爲重。青弋江受寧國積谿之水，分注於蕪湖、當塗間，每逢霉雨秋霖，宣洩不及，易致泛濫。綜觀安徽情形，淮河流域，不在本篇範圍以內，以江水而論，其患較輕於湘、鄂。苟能修築江隄，疏浚支河，講溝洫之利，杜圍墾之弊，則皖南之富庶，亦可與三吳相埒也。

第一節 沿江各縣

（一）望江

望江縣在揚子江北岸，西鄰宿松、太湖，北達懷寧、潛山，東接東流，南界江西之彭澤，地勢低窪。清龍燮曰：「邑東北有西圩者，居民數千家，衣冠世族，多萃於此。以田論之，計三萬七千餘畝，地勢卑下，潛、太之山洪注焉，京、皖之江漲匯焉，民居國賦，惟隄是賴。先年立十二甲，照畝編册，照册分隄，內有上下二坂，三湖蓄水。惟下坂水歸之壑，遇澇爲災。明天啓間，邑令方懋德親臨圩隄，目擊形勢，始開牐洩水，下坂乃蒙利焉。」（見江南通志）近據縣府調查云：「本邑表裏江湖，素多水患。民國二十一年，國府興修幹隄，原爲減少水患，惟以華陽河口，未曾建閘，每値夏汛，江潮倒灌，沿江沂河傍湖之居民，被害無算。卽如二十四年江水盛漲，加以馬華隄潰口，合計淹沒田地，不下二十萬畝，農作損失，約二百餘萬元。挽救之策，惟有於華陽河口建閘，同時並將馬華隄加高培厚，且在隄內更築子埂，以作後襯，將來潮落則啓閘以宣洩積水，潮漲則閉閘以作屛障。若能實現，則所有湖田灘地，盡成萬頃膏腴。並一面疏曹河、葫蘆潭，引漳湖之水，以入皖河而達大江。疏龍心溝、石榴河，引武昌、青草兩湖之水，以入漳湖。疏油榨沖，使縣步河之水，入青草湖。疏八輛缺，使泊湖之水，入揚長河，出華陽河口而入江。則流量暢達，更無內水停蓄之患矣。又本縣東界江中，有天生洲，自雷港東連接子蓮洲，以達太順圩之東，計長四十餘里，寬二里至四里不等，日漸淤高，江流恆爲阻滯，致保民、東興、太順諸隄，受急溜沖擊，隄脚漸塌，故亟應疏鑿沙洲，以改正江流也。」

（二）東流

東流縣在揚子江東南岸，東接至德，西界望江。據縣府調查云：「本縣城西，地濱大江，下游十里之祝家磯，三十里之吉陽磯，六十里之黃石磯，七十五里之楊家套，九十里至安慶對江大渡口，沿至老河口，合計約一百二十餘里。上游七里之碉林磯，十五里之烏石磯，四十里至香口磯，共計縣境上下游兩段，約一百六十餘里。境內有河四道：曰老河口曰新河口、曰港口河、曰香口河。老河口及新河口，乃宣洩本縣第三區張溪鎮、洋湖鎮及至德與貴池、丁香樹各水道，由張溪河流繞四區之大清、深井兩湖，經老河口，或新河口入江。縣城西門外之港口河，乃宣洩本縣二區礄頭坂及至德等處之山水，由此入江。香口河乃宣洩黃栗鎮、下隅鎮等處之山洪。此係境內沿江河流洩水之情形也。惟近年以來，本縣下游之楊家套一段，江岸陷塌甚巨。究其原因，係安慶上游新洲洲尾，橫入江心，致江水不能暢流，反向楊家套倒灌，所以該段江岸逐年陷塌。今欲求該段江岸不陷，應依照總理實業計劃，剷除安慶上游之新洲，則本縣之楊家套至大渡口一帶江岸，可永無陷塌之虞矣。」

（三）桐城

桐城縣在揚子江北岸，東接無爲，西連潛霍，北界舒城，南鄰懷寧，地勢西北高而東南下，境內有白兎湖，港渠聯貫，利饒灌溉，爲皖北大邑也。清桐城知縣胡必選曰：「桐於皖，望邑也。城北有河發源於龍眠諸山，由是而東而南匯大湖，達長江。其支流所引，爲西南疆畝水利。第春、夏之交，衆流合聚，激濺若雷。數年來直衝北郭下，駸駸乎有內齧城址之患矣。」（見江南通志）

（四）銅陵

銅陵縣在揚子江東南岸，與貴池、繁昌連界。據縣府調查云：「揚子江由貴池、青陽、桐城等縣而入縣境，經鐵板洲、和悅洲、老洲、小湘洲、汀家洲、葉家洲、團洲、三江口、新洲、紫沙洲等而至繁昌縣。江流水利與廢，影響民生綦鉅，近年旱潦頻仍，民力凋敝，推究其源，皆由江牀淤淺太甚所致，以本縣轄境而論，江心大沙洲，卽有六、七之多，故水流不暢，旱則內河之水，盡入于江，灌溉無由，潦則圩破隄潰，廬舍蕩然，平時搶險救災，業已精疲力盡。將來整治計劃，應修繕幹隄支隄，並疏浚內河，添築塘堰，利用農事之暇，徵工興辦，庶幾事半而功倍矣。」

（五）南陵

南陵縣在揚子江南岸，東鄰宣蕪，西連銅繁，南接青涇，北界繁蕪，離江稍遠，地形較高。據縣府調查云：「南陵西南多山，地形稍高，東北多圩，地勢較低，蓋平山半圩之邑也。其興辦水利工程，可分為二部分，卽西南山田之區，每逢旱季，水涸成災，應速修治塘堰，疏浚溝渠，藉資灌溉，以防亢旱。其東北圩田之區，一遇霉霖，則山洪下注，江潮倒灌，圩隄時遭沖決，是宜修築隄防，加高培厚，並整理涵洞，以弭水患。此本邑之興辦水利，不得不因地制宜也。」

（六）蕪湖

蕪湖縣在揚子江南岸，西界繁昌，東接當塗，與江北岸之無為縣相望。蕪湖縣志云：「大江在縣西五里，上流起澛港口，過長河，經驛磯，下趨褐山，出當塗縣境。」又圖經云：「太平府東南六十九里，有湖曰丹陽，丹陽旣瀦，西行出蕪湖，以趨於江。」後人田於湖心，方圩以遏之，遂釃為二股，屬蕪湖者為南股，正西行，過圩南，青弋水入之，過黃池，五丈湖水入之，過跋聳，合勾慈、荆招二港，北行，復匯為路西湖，路西湖又分為二小股，其一最南，卽蕪湖縣河，乃南股趨江之正派，縣河起勾慈西行，為北岸湖，過荆山，天城湖水入之，北行為匾擔河，達姑孰溪入於江，又西過蕪湖縣治，西湖池水入之，過鰲洲，入於江。江口稍南，爲雙港，鄭塘水入之，入於江。又南爲澛港，石硊河入之，過靑弋河，入於江。江口以北，過蘋葉磯，爲二小港。又北過磧磯，爲烏汊港，出赤鑄山陰，入於江。大抵縣治以東之水，皆會於長河，縣治以西之水，則各自爲道，要之總入於江。故言蕪湖水利，以江爲經，以各支河湖泊爲緯，灌漑利便，每年產米甚多，苟能浚河修隄，使洩蓄通暢，水旱有備，洵爲皖南最繁富之區也。（參照蕪湖縣志）

（七）當塗

當塗縣在揚子江東南岸，西南接蕪湖，西北與江北岸之和縣相望，東界江蘇之江寧縣，密邇首都，地形重要，爲淸太平府治。江南通志云：「丹陽湖在府東南七里，江寧、廣德、徽寧境內之水匯爲三湖，而丹陽最大，東西七十五里，南北九十里，大平水利之宗也。」按當塗外江內湖，港渠通暢，有灌漑之利，少亢旱之患，苟能增高隄岸，疏通溝洫，稻米之饒，當爲皖南各縣之冠也。

（八）和縣

和縣在揚子江北岸，西接含山，東南與對江之當塗相鄰，北界江蘇之江浦縣。明宋濂曰：「和州之西南九十里，其鄉曰銅城，濱大江，江水暴溢，民不得田。昔人常築土爲長堰，以捍其衝，鑿石作牐門，貫以木楗，視歲之旱潦而闔闢之，田得以常稔，環二百里皆爲沃壤。比年兵興，銅城爲往來爭戰之場，牐毀堰崩，向之沃土，皆化爲荒穢之區。」（見江南通志）自淸以來，人民多就河灘，設圩圍墾，洩蓄之利，未得其宜，每遇旱潦，卽受災祲，民國二十年之水災，及二十三年之亢旱，均被害甚烈，民多流離，宋濂謂：「向之沃土，化爲荒穢之區」斯言當不誣也。

第六章　江蘇

江蘇地勢底下，揚子江由西而東注，至崇明縣入海，東面爲濱海區域，北部爲淮水流域，非本篇所及，茲姑不贅。以沿江論之，向受江潮激盪，漲沙極易，而堤岸侵蝕，亦易致患。其江南各縣水利，均與太湖有莫大關係。考清江南通志云：「凡瀕江州縣，間有風潮漫溢之患，而江勢漸更趨北，其南岸則洲渚重複，北岸則驟波淩濤之所激盪，往往剝蝕頹圮，而瓜洲尤爲飛輓之通津，當北流之險溜。我朝工築以時，淪漂無聞，轉漕濟渡，官私均利。」又云：「淮北之水治其決，江南之水治其閼。而歙、宣、金陵諸河，勢悉趨海，而吐納於太湖，故太湖之需治尤急。凡治水於江、蘇、松、常、鎮、五府及太倉一州，而合以治之者，皆所以治太湖也。」知太湖水利之重要，而其洩流之道，尤當使其通暢，始足澹災而興利。按通志云：「漢虞仲翔曰：『太湖東通長洲、松江，南通烏程、霅溪，西通義興、荆溪，北通晉陵、滆湖，東連嘉興，水凡五道，故謂之五湖。』觀此則翕受既多，汎濫亦甚。惟洩其下流之三江，白茅港，深疏暢達，使歸墟無所阻，而後上流沿歷之郡，浸潤灌漑，咸受其利也。」可知治水於江南者，必先治太湖，欲治太湖，必先疏洩流之支港，故書謂：「三江既入，震澤底定」也。今三江既湮，賴以宣洩者，除吳淞江外，爲嘉定之瀏河，常熟之白茆河，武進之孟瀆河，潮水上灌，沙積易淤，而太湖因頻年圍墾，湖身漸狹，廢田還湖，言之已非一日，迄難實現，是當深切注意者也。

第一節　沿江各市縣

（一）南京

南京市今首都所在，濱大江南岸，與江浦縣之浦口隔江相對，爲形勝之地。東南利便書云：「建康古城向北，秦淮既遠，其漕運必資舟楫，而濠塹必須水灌注。故孫權時引秦淮名運瀆以入倉城，開潮溝以通江水，又開瀆以引後湖，此其大略也。自楊溥夾淮立城，其城之東塹皆通淮水，其西南邊江以爲險。然春、夏積雨，淮水泛溢，城中皆被其害。及盛冬水涸，河流乾淺，在今日正與宋無異。宋隆興二年，張孝祥知府事，奏秦淮流經府治，正河自鎮淮新橋入江，其分派爲青溪，自天津橋出柵寨門入江。宋時水西、旱西二門外，未有土也。石城下卽臨江柵寨門，近地屬有力者因築斷青溪水口，創爲花圃。每久雨水暴至，則正河不能急洩，水勢於是泛濫，城內居民被害。今古潮溝、青溪運瀆河身，皆爲居民日久侵占，湮塞不通，故水患正與此類。於今欲復通寨門，使青溪徑直入江，則城內永無水患。及汪澈繼孝祥知府，詔澈指定以聞。澈言開西園古河道，通柵寨門尤便，從之。」按南京江岸近加修築，頗爲鞏固，秦淮河於通濟門及東關頭各設閘一座，平時不與江通，遇旱澇時，啓閘放水，以爲調節之用也。

（二）江寧

江寧在揚子江南岸，東界句容，西接溧水，西與安徽之當塗毗連，北與江浦相望，密邇首都，形勢重要。據縣府調查云：「江寧西北濱江，東起靖安廠，西抵和尙圩，江岸達二百里，奔流浩瀚。地勢東南高而西北低，故水皆西北流。最大者爲秦淮河，其上源有二：一發源於句容之茅山，一發源於溧水之東廬山，至方山附近會合，西北流達南京之通濟門，再繞都城之南、西兩面，北流分三支，於三汊河、老河口、新河口入江，長約百餘里。其他如便民河、九鄉河、江寧浦、板橋浦、銅井河等，皆向北或西北流入江。故全縣水利，以橫言之，則秦淮爲綱，諸山爲目，以縱言之，則揚子江爲經，諸水爲緯，江南素號水國，其說信然。查秦淮水利，除江寧外，更與句容、溧水及南京市有關，其上游之赤山湖，在句容縣境，湖身周圍四十餘里，位於赤山之東。其上源有十三支流，水發時烟波萬頃，頗爲壯觀。水涸時，僅餘幾道河流，湖底悉如平地。然山水經此停瀦，其入淮之水勢已減，年來湖身淤塞，致秦淮時有泛濫之虞。故治淮必先治湖，湖治而淮之整理自易矣。其餘應治各流，當上游修築閘壩以資蓄水，下游勤加疏浚，以暢水流，非特洩蓄通暢，且可接引江潮，以便灌漑，則水旱可無憂也。」

（三）江浦

江浦縣在揚子江北岸，西北與皖省和、全、滁、來四縣毗連，東接六合，隔江與首都相望，地居重要。據縣府調查云：「本縣面積爲二、五六〇方里，袤斜而長方，西北及腹部崇山峻嶺，多屬山田，所有河渠，因地勢之高低，多自西北流向東南，計最東者，有朱家山河，長約十八公里，承滁河及江浦東老山各山泉，東南流至老江口入江。西去十公里，有直江河，長約五公里，承江浦腹部各山泉，亦東南流至老江口入江，業於二十三年疏浚完成。再西去十五公里，有石磧河，長約二十五公里，承江浦西北及腹部各山泉，東南流至西江口入江。最西有駐馬河，長約五公里，承江浦西部各山泉，東南流至駐馬河口入江。在北者有後河，長約二十六公里，來自皖之全椒縣，承江浦北部各山泉，東流入滁河，經朱家山河入江。上述各河，爲江浦宣洩山洪，吸引江潮之門徑，關係農田水利，至大且重。近以年久失修，河體淤淺，時至夏令，山洪暴發，宣洩不及，漫溢成災。時至冬令，江潮低落，水河盡洩，乾涸見底。餘如溝、渠、池、塘，因主要河流之淤淺，亦因之狹窄淺塞，僅具雛型。故每遇旱年，江潮不能入內，山圩田地，完全乾涸。若逢澇年，山洪暴發，江潮頂灌，時有潰決之虞。自二十一年江隄築成後，沿江各圩，差免水災。惟縣西北及腹部多山，山洪潦發時，水量極大，其原有通江溝渠，多被築隄時堵塞，而多量山水，僅賴朱家山、直江、石磧、駐馬四河宣洩入江，排洪不及，往往漫溢成災。查江隄自烈山嘴至紅茅凹一段，長約三公里，尙未興築，該隄段居江之上游，江潮盛漲，水即內灌，瀰漫各圩，又展轉而經下游之西江口、新江口，還入於江。其入水口門，寬至三公里，而僅藉寬不及三十公尺之兩河口輸出。是以江水留瀦內河，充滿溝渠，各處圩隄，受其壓逼，常遭潰決，而成巨災。今欲興修水利，宜於烈山嘴至紅茅凹一段江隄，加以接築。其餘各隄，均須培修，並在九袱洲、十三圩、公子洲、蒲圩等隄，各建涵洞二座，以便按時啓閉，調節水量，澇免江湖倒灌，旱防山泉盡洩，則本邑農田，胥蒙其利矣。」

（四）丹陽

丹陽縣在揚子江南岸，西接句容，南界金壇，北連鎮江。南唐呂延正曰：「當縣有練湖，源出潤州高麗長山，下注官河，一百二十里。臣考之碑志，訪諸鄉老。當爲湖日，湖水放一寸，河水漲一尺，旱可引灌溉，澇不致奔衝，其利田幾逾萬頃。昔環湖而居，衣食於漁者，凡數百家，有斗門四所，由前唐季湖廢，近湖人戶耕湖爲田，後農家失恃，漁樵失業，民復思湖以禦災而無所寘力。」（見江南通志）按丹陽練湖關係水利頗大，惜容量日狹，水旱失所調節，近已議及疏浚，以爲民興利焉。

（五）江都

江都縣在揚子江北岸，東界泰縣，西接儀徵，北通高郵湖，南與鎭江相望，爲江北要地，其南之瓜洲江岸，向極重視。據縣府調查云：「瓜洲至八濠口一帶，每逢夏、秋之間，輒有坍陷之虞，近三、四十年，計共坍去九華里之多。察鎭江以西之流勢，有大東、小北之向，猛然曲轉而來，故北岸受其猛勢之襲擊，南岸成爲緩流之迴漩，而北岸上層土質堅實，黏性較大，兼以柳樹林立，蘆荻叢生，不易洗刷，而下層係屬沙土，黏力較小，不時被激流沖洗，挾沙而去，日積月久，下層空虛，一旦夏、秋之際，水漲潮增，下層乾土失其凝固之力，下層虛沙，遂成坍塌之象。又因東首焦山，雄峙大江之中，位於曲流之下，對此猛下之流勢，頗多約束，故不得不緩轉於江之南岸，流勢既緩，沙易沈澱，是以岸凹者則愈凹，岸凸者則愈凸，彼徵潤洲之所以日漸淤漲，江北岸之所以日漸坍陷者，即此理也。故欲防止此種之趨勢，必須流勢之轉變，欲求流勢之轉變，非建築制水埧不爲功。至制水埧，有潛埧、丁埧、順埧之分，而丁埧又分上向丁埧、下向丁埧、正丁埧、加翼丁埧等種種形式不同，須視其流速與曲度而定耳。若依該段形勢而言，應建築下向潛水丁埧與加翼丁埧。然恐落沙積淤太緩，又慮徵潤洲已淤漲之江岸轉致坍陷，故宜改爲上向丁埧。埧與埧之間，距離爲埧身長之二倍半，其間近岸之處，或植垂柳水楊，使風浪不得動刷，並排打木樁，使漩渦不得迴轉，庶可砂泥沈澱，逐漸淤漲，倘能依此興築，或可收一勞永逸之效耳。」

(六)靖江

靖江在揚子江北岸，連接如皋、泰興兩縣，按常州府志云：「靖江水利，自團河告成，則狹可使廣，淺可使深，分可使合，近可使遠。舊志所載不誣也。惟是團河之利，數閘而外，全在各港一埧。蓋淸水不洩，濁流不壅，自不病其沮淤。且河水江潮，如血脈貫通，永無障塞，特恐靖人見小忘大，狃近遺遠，或爭咫尺之利，私灘河塹，或競晷刻之便，擅啓港埧，勢必仍前停淤，興工疏鑿，又難爲力矣。」又縣府調查云：「考靖邑舊時本在江心，江水環其四周，明成化七年始建縣，厥後西北與東北俱漲，遂與泰興、如皋接壤，而南之濱江者距今八十年前，始逐漸漲成今形，積沙成野矣。境內初有港百餘道，後漸淤塞，迄今可名者，猶有七十餘，各港有通江或不通江者，有北通如皋、泰興之界河者，前明縣令陳函輝督民開挖團河，橫亙東西長四十餘里，各港水之受自揚子江或界河者，皆交納於團河，藉以分蓄，而間接達於四境，蓋至是而靖江治水之法始大備，三百年來因之無改也。積時既久，淤淺難免，近三年間，已浚河港二十餘道。沿江堤岸，亦於二十四年督率人民擇要修築，當無潰決之虞。所可慮者，江陰中興煤炭公司近忽建築突出江心碼頭，使水流北沖，遂致靖邑天生港、礅臺圩一帶形成坍削，疊向交涉，倘無結果也。」

（七）江陰

江陰縣在揚子江南岸，西南界武進、無錫，東接常熟，北與靖江相望，黃山扼其中，江面頗狹，形勢險要。明王直曰：「江陰城北黃田港，引江潮灌城中，而出於南門，凡二十里，會夏港之蔡涇，以達於運河，實舟楫走集之地，附郭良田數千頃，皆賴其灌溉。港因潮之消長爲淺深，長則溢，消則涸，溢則舟通，而足以溉田，涸則田不得受利，而舟膠且敗者有矣。唐長慶中李德裕觀察浙西，始建牐於城北，潮長卽啓以行舟，消卽閉以蓄水，人賴其利，歷歲滋久，繕治不繼，日就頽毀。」（見江南通志）又常州府志云：「江陰之水，皆以江爲壑，而江潮之漲，有時貫入諸河，前人論之詳矣。蓋其水有二：北自黃田港流注諸河達於境，謂之潮。南則太湖渠溪之水，溢於無錫運河，自五瀉諸堰而來，西則丹陽、練湖、白鶴諸溪之水，溢於武進運河，自黃汀諸堰而來，達於境，謂之河水。其來也有所受，而後水能爲利。其溢也有所泄，而後水不爲害。如東境之流，惟谷瀆港、蔡港、石頭港，資溉民田最博，而橫河貫其中，不治則有旱患。西境之流，惟中港、利港、蘆埠港，民田多賴爲利，而順塘河橫亙其中，梗塞不通，旱患益甚。從溝河、桃花港通，則水旱均利，塞則水旱均害。其西南境青暘等處，最爲窪下，多被水災。其東南境河身狹小，水旱俱患。大低高昂者，利江潮之灌注，低窪者，苦湖水之泛濫。江湖由諸港入而衆河爲之接引。潮水由諸港出，而衆流爲之受瀉。此宜考潮沙壅塞之處，次第疏浚，其淤淺者，五年一開，稍深者，三年一開，每歲量征導河銀兩，不得别項支用，而官所不足者，臨時責近地得利之人助其功力，雖勞而不以爲疲矣。」

（八）常熟

常熟縣在揚子江南岸，南接吳縣，東界太倉，西連無錫，內有白茆港，頗占重要，其他支港貫通，有如網絡。清慕天顏請浚孟河白茆疏曰：「常熟之白茆港，係蘇、常諸水東北出江第一要河，自明季失修，湮塞成陸，旱則潮汐不通，澇則宣洩無路，若此港一通，不惟常熟水旱無虞，即崑山、長洲、太倉、無錫、江陰，無不共沾其利。」（見江南通志）近據縣府調查云：「本邑地處揚子江、太湖之間，就江湖間地勢而言，則西北高於東南，蓋由茅山脈向東南連亙，成小邱陵地帶，愈趨愈平，至太湖北之吳縣、常熟一帶，爲平原低窪之區。境內南部諸水，俱通吳縣、吳江，而達於太湖，每當湖水下注，易成氾濫。至於北境各港，直通大江，江潮夾沙而來，由江入河，既受河牀之阻，復爲兩岸所限，水勢遲滯，於是挾帶之沙泥，極易沈澱淤積，愈近河口，淤積愈甚，河牀日高，容量日小，一遇天旱，江水無法引入，若遇湖水倒灌，則宣洩因之不暢。此南北二部之水，苟非設法治理，使調節得宜，實無法消除旱澇之災也。」

（九）南通

南通縣在揚子江北岸，西接靖江，東界海門，江面較闊，沙洲亦較多，據縣府調查云：「南通江岸塌削，辦理保坍事業，始於民國五六年間。昔時隔江常陰沙，橫亙江中，淤積甚高，土地肥沃，農民漸次墾植其上，迨民元以前，即有福利公司之組織，報領墾種，圍沙築隄，保隄築垻，以致一部分水流逼向北移，大江北岸之土地，遂致坍削，並以江槽變遷，北岸坍勢更形劇烈。昔時姚港一帶，距城遠至十餘里，而今僅祇四、五里矣。坍削之慘，不爲不鉅，自張季直目擊斯狀，首倡設法保坍，惟以經費無出，乃謂南通之坍削，胥由該公司圍隄築壩之所致，遂與交涉累年，始由彼方出資一百萬元，以作南通保坍工程之需。斯時坍岸最厲者，厥惟天生港至狼山一帶，故就該段設施工程，計築石楗十餘座，嗣後繼續添建若干座，共爲十八座，江岸因以保固者若干年。嗣後因經費困難，非惟不能繼續添建，即修護工程，亦難維持，乃至受水流潮浪之沖激，下游數楗，次第沈陷。江岸之坍陷，亦以四、五十丈聞，十八楗中今已去其七，而所存者，又有四、五座形將不保，其餘亦現損壞之象，桑田滄海，良可慨也。若長此以往，無治本工程之實施，則沿江之土地，人民之財產，以及疇昔工程之所費，恐將盡付東流。爲思患預防計，保坍工程之在南通，實爲建設事業之基本工作，而刻不容緩者矣。茲就長江下游水道之趨勢而觀，則以姚港迤東至小洋港之一段，最爲險要。其次爲天生港迤西之絲魚港一段。再次爲天生港迤東至姚港一段。故現在整理江岸保坍工程之計劃，即分段擇要辦理，並視經濟情形，以定施工標準，亦僅局部之治標而已。欲求永保安寧，實爲治江整個問題，必待長江下游水槽整理就範以後，而南通江岸始保無虞矣。」

(十)太倉

太倉縣在揚子江南岸，東接嘉定，西連常熟，南界崑山，形勢平坦，港道縱橫。據縣府調查云：「本縣主要幹河，計有瀏河、楊林、七浦三道，在昔曾設水閘，以爲捍渾蓄清之用。迨各閘毀棄之後，大約每距十年疏浚一次，歷載以來，即遇大汛時期，河水漲發，尚不致漫溢成災，沿河農田灌溉，亦素稱便利也。」按瀏河爲太湖洩水之要道，前人屢議疏浚，不敢忽視。近來亦擬於劉河口建閘，以免潮水倒灌，俾泥沙不致淤積，而疏浚之功，或可較省也。

(十一)寶山

寶山縣位於揚子江出口之南，西連嘉定，上界上海，江面遼闊，支河水源，全賴潮水之輸入，每遇夏、秋之交，潮水位增高而東北風起，高潮與隄岸相擊，隄易出險。據縣府調查云：「本縣幹支各河，既憑潮水爲源，而潮水挾泥沙以俱來，日積月累，淤塡極易，故濱江河流，非五年一小浚，十年一大浚，不足以言水利。年來積極舉辦徵工浚河，年浚不下八十餘里，第支港交叉，待浚者頗多，似非一時所能普遍也。」

(十二)川沙

川沙縣在揚子江口，南界南匯，西界上海，地勢最爲低窪，據縣府調查云：「川邑位居東海之濱，大江下游，欽公塘縱貫全境，塘東諸水，均入東海，塘西皆會流黃浦。考核浦江位置，距本邑北境，約僅十里，而南境窵遠，均距三十餘里。故本縣北半部屬通潮區，南屬靜水區，境南爲南匯縣治，距浦更遠，而東西運鹽河，縱亙本縣及南匯縣北境，約各長六十餘里，本縣水利，胥賴於是。近年東運鹽河北段，均已淤塞，幸西運鹽河，業經先後疏浚，故該河受南匯境內龍遊、六灶、八灶諸港，彙流北行，經高橋鎭，以達黃浦，均屬通暢。又因該河各支港，西流入浦，如三灶港、四灶港、王家港、趙家溝等，時加浚治，洩水亦暢。因之本縣水害，頗不易見。倘能於本縣下游在上海市境之三林塘、白蓮涇、趙家溝、高橋港等，由上海市府實行疏浚本縣之東運鹽河，亦謀修治，則本縣永絕災祲，農村可復興矣。」

第二節　濱湖各縣

(一)宜興

宜興縣在太湖西岸，西接溧陽，北接武進、金壇，南與浙江之長興相界。常州府志云：「宜興之水，西接溧陽，西北接金壇及洮、滆二湖，諸水由西溪以入縣境，下注東溪，分流於百瀆以達具區而入江入海。後因商船避稅，私從港瀆過湖，榷使者惡之，將諸港釘塞，一遇霖潦，西水不得急入東湖，則防商之利小，而防川之害大矣。加以西鄉田圩最大，大者有萬畝圩千畝圩之名，小者不下五、六百畝，愚民狃於私利，不樂以平田開爲溝洫，以分上流之衝，是以狂瀾一至，俱成巨浸。若令高鄉之民，疏浚河道，多穿深塘，以蓄其上流。低鄉之民，修築塍岸，多開溝洫，以洩其下流。每田二十畝內穿去深塘溝洫二畝，其所折田二畝，分派於十八畝之中，每畝各受實田九分，仍令不失二十畝之額，此捐目前之小貲，而獲永久之大利者也，惟子民者加之意焉。」按此論頗爲透闢，對於田內應修深塘溝洫一層，尤足爲後來法也。

(二)武進

武進縣在揚子江南岸，丹陽之東，無錫之西，按常州府志云：「武進北瀕大江，南介滆湖，東偏震澤，而中以漕渠一帶，西受鎮江、丹陽諸水，遶郡城而東注之，其所洩蓄吐納，不惟國家漕計特重，諸鄉旱潦實係之，此各支河之通塞啓閉，不可不講也。武邑地形西北高，東南下，高田苦無水，利在蓄之使合，多爲陂塘，厚儲深蓄，勿使泄而溢之外。低田苦多水，利在導之使分，多爲圩堰，渠穿股引，無使潰而入於內。誠使陂塘時浚深闊，水旱足供車挽，即有霖潦，亦足蓄瀦，上水既流，下水自少，故論武邑之水利，當以治西北爲先，而論東南之水患者，尤當以治西北爲要也。若夫城市之河，日積月累，居民之泥沙，漸同精衞，亦宜疏浚，以通舟楫。但所浚之泥，仍置河濱，闊則民占以爲基，狹則土復歸於河，量令得利之戶載土，則用以補坍塌，則此河以浚而通，彼岸得土而固，鄉城兩受其利矣。」查境內河流，以孟瀆河爲大，（唐元和間常州刺史孟簡開泰伯瀆，人遂稱爲孟瀆）德勝河次之。清尹繼善曰：「常州府屬之孟瀆、德勝兩河，南通運道，北達大江，關係數邑水利，民田萬頃，咸資灌溉。緣積年吐納江潮，流沙停積，河身淤墊。孟瀆河計長一萬五百餘丈，德勝河六千六百餘丈，亟須築壩，大加挑浚。」又慕天顏請浚孟河疏曰：「武進之孟河，係常、鎮諸水歸江要道。凡高、溧西北諸水，競趨東南，流注於宜興、金壇，更轉瀉於丹陽、武進，惟藉孟河一口出江。今亦年久失修，河身壅積。武進以西，丹陽以東，宜興、金壇以北諸水，歸江阻道，於是水旱並災，人力難施矣。」（均見江南通志）是孟瀆因諸水匯歸，易於淤塞，疏浚之功，蓋不可緩也。

（三）無錫

無錫縣在揚子江南岸，太湖之北，東連常熟，西北接武進。常州府志云：「無錫東南諸鄉，最爲汙下，宜略倣芙蓉之法，厚築隄防，而隄之外，雜樹萑葦蒹葭，以爲隄衞。西北稍高卬，則多爲渠塘陂池，以厚蓄其水，而備車挽。淤者浚之，淺者深之，無塘者鑿之，通其源於大河，輸其委於溝洫，湖卽在數十里外，而業已浚之使出，亦可引之使入，以藉其升斗之潤，助兩澤之所不及也。至運河西岸，南派屈從諸港以注之湖，北派屈從諸港以達之江，而洛社橋跨運河之上，爲漕渠孔道，其地稍卬，河流易塞，宜大爲開浚，職水衡者所當加意也。若夫城市之河，鄉城藉以往來，如箭河凡九，已湮其八，設今不爲之所，則泥沙湞塞之矣。」又據縣府調查云：「境內水流，全恃江湖爲之調節，稼穡之利本豐，惟晚近水旱交侵，農田損失至鉅，容其原因，雖非一端，而溝通江湖間之幹支各河，年久失治，致太湖不能吞吐巨量之水，失其蓄洩之功。弭災興利之法，除疏浚幹支各河外，應於沿江設置閘座，嚴定啓閉，俾得調節水量，捍禦江潮也。」

（四）吳縣

吳縣在太湖之東南，接吳江，北界常熟，東連崑山，地勢低窪，素稱水鄉，境內河道縱橫，港汊分歧，灌溉便利，水道更四通八達，獨佔水利之勝。運河自西北來，至吳縣城外，繞城南行，大多流經本縣境內，西北之沙墩港，爲白茆河之主源。西南有胥江，經木瀆、橫塘等鎭，流至吳縣城外，與運河合流，迨至城東，乃入婁江，以達崑山、太倉而入揚子江。南有吳淞江，自西向東，爲太湖洩水之主幹。北有元和塘，係蘇、常間水運之要道。太湖湖濱，漊港密佈，指不勝屈。境內湖泊羅列，如陽城湖、金雞湖、沙湖、澄湖、黃天蕩及石湖等，不勝枚舉，均係農田灌溉之命脈，近來以年水政失修，各河流均形淤淺，吳淞江、胥江、婁江等各幹流，在低水位時，航運灌溉，交感困難，急待整治，卽湖濱各漊港，亦均淤塞，疏浚不容稍緩。民國二十三年江南大旱，太湖雖積水甚多，但因港道淤塞，無術汲引，致湖濱一帶田畝，坐視田禾之枯萎，損失奇重。二十三年冬，吳縣縣政府曾以工賑疏浚北港、張家港、渡村河等港道，以謀救濟，嗣後尚須逐年舉辦徵工浚河，依次疏浚各港道，誠能如是，則吳縣西部之農田水利，當可不生問題，至於各幹流之疏浚，須聯合上下游同時舉辦也。（參照蘇州府志）

（五）吳江

吳江縣位於太湖之東岸，北接吳縣，東界青浦，南與浙省毗連，地勢低下，四面小湖，星羅棋布，苑在水中，以地質歷史言之，該縣境地係屬太湖之一部分，因日久淤積而成田，與今之湖田性質相類也。該縣既受太湖東流之水，復納浙西來水，蓋浙西之水，除一部分注入太湖外，其餘均經頔塘及運河注入縣境，節節外洩，以流入吳淞江或澱泖迂道以入海。南北間之水道，以運河爲主幹，東西間之水道，以大窯港、急水港爲最要。昔時長橋及運河石塘未建，東流之水甚爲舒暢，自宋慶歷八年，吳江東門興建長橋，其時計橋孔六十有四，寬四百公尺（志稱一百三十丈），迨元至正九年，運河石塘告成，自吳江至平望，開竇一百三十六，東洩之量，大爲減少，及今石塘竇孔，傾圮過半，水道日微，長橋能洩之孔，亦僅半數，水流更弱，以致石塘之西，淤漲更甚，湖岸相離，自數里至十餘里不等，而東岸出路之吳淞江，因來源微弱，江口復受潮汐影響，淤墊日甚，兩旁港浦，亦因水流停滯之故，逐漸阻塞，以致湖水去道，僅存澱泖一路，有時不及宣洩，卽易泛濫。計今治水之道，惟有修圍浚河，蓋濱湖低區，潦多於旱，拒潦之策，厥賴圩岸，若能修築堅大之圩岸，整齊之溝洫，防潦足以無虞，同時兼能浚治河道，以暢宣洩，則吳江農田，可無水患矣。（參照吳江縣志）

（六）松江

松江縣在上海之西南，地形平衍，按明錢溥松江水利記曰：「書云：『三江既入，震澤底定。』然水至吾松，則又分二道而入海。蓋西北窪下，則自太湖入澱山湖、吳淞江入海。東北高仰，則受杭湖之水，達黃浦以入海。高下既殊，旱澇交病。然旱爲東北受病，其患小。水則西北列郡無所歸洩，其患大。」（見江南通志）又縣府調查云：「本邑最大河流爲黃浦，橫貫中部，水性尚不湍急，兩岸農田灌溉以及運輸交通，均稱便利。次爲泖湖，位於邑之西北，湖面廣袤，出泖口，經斜塘大橫潦涇而與黃浦江會合。黃浦南北各大幹河，業已查明淤淺，分別緩急，依次疏浚。其他支流小港，亦依照征工浚河辦法，由各區切實負責進行也。」

第三篇　歷來修疏工程

我國舊時河海工程，向有塘工、河工、江工之不同。而江工之實施者，自以隄防爲主。恐隄岸之不固也，或施以木樁，或砌以堅石。其清深之處，慮江河之汕刷，則護以埽工。又恐埽工之難施，則先拋塡碎石，以實其基。他如沙洲之疏浚，引河穴口之開鑿，築堰垻以分水勢，砌石櫃以當江流，而鐵牛、鐵龜之安設，足以驗水之漲落，並藉此以當激湍也。其種種方法，亦頗完美。然均爲各段之整治，未見全部之設施。良以源遠流長，工程浩大，而各省情形，亦未能盡同也。茲將舊時工程約述，庶明其概要。

第一章　濬治

第一節　江中沙洲之疏浚

江中沙洲，足使江身淤塞，水流不暢，頗爲患害。明英宗正統初年，南京江岸累決，已命工部侍郎吳政等修築。政等言：「水深未便工力，請於農隙時，疏江中沙洲，以殺水勢，然後用工。」正統七年七月，築南京浦子口大勝關隄。先是江中有洲，激水橫流決隄。豐城侯李賢請鑿洲引水直流，則隄可固，上可之。世宗嘉靖元年，湖廣荊州府潛江縣知縣敖鉞疏請開浚淤洲，以弭水患，但沿江一帶淤洲，盡屬皇莊，未敢擅興工作，戶部覆議：「江洲原非額田，歲入無幾，苟能救一縣之民，何惜於此。請令巡撫湖廣都御史親詣縣治，相度地形水勢，果爲民患，卽及時併工疏濬淤洲。」從之。（見行水金鑑）

第二節　太湖支流之開浚

明徐貫治水奏曰：「嘉湖常鎮水之上流，蘇、松水之下流，上流不浚，無以開其源，下流不浚，無以導其歸。於是督同委官民人等，將蘇州府吳江長橋一帶菱蘆之地，疏浚深闊，導引太湖之水，散入澱山、陽城、昆承等湖。又開吳淞江，並大石、趙屯等浦，洩澱山湖水，由吳淞江以達於海。開白茆港，並白魚洪、鮎魚口等處，洩昆承湖水以注於江。又開七浦、鹽鐵等塘，洩陽城湖水以達於海。下流疏通，不復壅塞。開湖州之婁涇，洩天目諸山之水，自西南入於太湖。開常州之百瀆，洩荊溪之水，自西北入於太湖。又開各斗門，以洩運河之水，由江陰以入江。上流疏通，不復湮滯。自弘治七年十一月十七日興工，八年二月十五日工畢，幸今天氣晴和，人無疫癘，凡百衆庶，爭先效勞。卽今水患消弭，人無墊溺之憂，田有豐稔之望，列郡士民，莫不慶忭。」（見江南通志）

第三節　明代三年浚港之定制

江南通志云：「儀徵河壩，明洪熙元年浚，是後定制，儀徵壩下黃泥灘、直河口二港，及瓜洲二港，常州之孟瀆河，皆三年一浚。」按浚河貴其有常，隨淺隨浚，工力省而收效宏。若待淤塞之後，從事大浚，則事倍而功半矣。

第二章　隄防

第一節　隄防之大修築

揚子江自唐、宋以來，水患增加，其沿岸之官隄、民圩，更僕難數，隄防工程，不可謂不向加重視。民國二十年空前大水，隄垸潰決甚多，經國民政府水災救濟委員會之討論，決定修築隄岸範圍如左：

(甲)揚子江南岸自鎮江至藕池口，北岸自瓜洲起接拖茅埠附近之荊江大隄及贛江下游隄岸之修築。

(乙)漢江自漢口至潛江兩岸土隄之修築。

(丙)湘、沅兩岸及沿洞庭湖土隄之修築。

其修築標準，依據測量結果，規定隄身以高出二十年洪水位一公尺爲度。隄頂之寬，自三公尺至八公尺，隄身外坡，規定一比三，內坡爲一比二，戧隄坡度爲一比五。由以上數項，製定隄身斷面。其他各隄之位置，應平直而順溜。隄之土質，須純淨而凝固。並將地址草皮樹根，剷除淨盡，獾洞鼠穴，塡塞堅實。取土勿逼近隄身，以免妨礙隄脚。掘土勿連續綿長，以免積水成渠。分層堆土，每高一英尺，硪成實高八英寸，並須層次交錯，以求堅實。其設計甚爲精密，共築成隄岸，約六千公里左右，洵屬鉅大之工程也。茲將各河系築隄長度，分列如次：

揚子江　一千八百十二公里
贛　江　六百三十四公里
漢　江　五百三十七公里
湖南濱湖　三千公里

（參照國民政府救濟水災委員會報告書。）

第二節　護隄木岸

宋姚煥知峽州，大江漲溢。煥前戒民徙儲積，遷高阜，及城沒無溺者。因相地形，築子城埽臺，爲木岸，七十丈，緣以長隄，揵以薪石。厥後江漲，不爲害，民德之。（見行水金鑑）

第三節　沿隄種柳

行水金鑑云：「德化縣桑落洲之有隄也，明有司者奉巡撫都御史烏程潘公繼封郭而築也。隄延亙七十餘里，視封郭三倍有強。又沿隄種柳，無慮數十萬以護之。江之所趨，則佈椿捲埽以防外衝。水之所聚，則開渠導引以避內漲。」

第三章　埽工

第一節　護崖埽工

河渠紀聞云：「江水清深，有力淘刷，近岸必下埽護崖。水深埽難屹立，向有用竹簍裝石，入水擋護。並用賈魯沈船法，以大舟載石鑿漏，沈入水底。亦有在對岸開挖引河，築壩挑溜。然用竹簍沈船，工費更大，而易有架隔，不能隨流填墊。開引河築壩，則數丈之溝，不能引無崖之水。柴土之壩，不能抵浩瀚之流。惟有靠岸拋填碎石，以實其底，爲濟變之法。」

第二節　埽工之拋填碎石

河渠紀聞云：「京口東西諸山環繞，岡連高阜。惟臨江一面，地勢平衍，民居稠密，倚談家洲爲外護。江溜刷去洲地，直逼京口，坍塌崖岸，損傷街道。清雍正十二年，民居議用碎石保護江工。經河督趙世顯題定於息浪庵前，築護城堤埽，又於花園港等處修建埽壩。歷年歲搶修防，無拋碎石之例。江上用碎石，自嵇文敏始。初因雍正六、七年後，江溜北趨瓜洲，江岸塌卸，逼近城垣，水面空闊，江潮洶湧，大風鼓浪，衝刷最深。崖岸一經坍塌，樁埽難以施工，沿江拋塡碎石，增修埽工三百餘丈，始得穩實。至是，京口亦援爲例。拋石下埽，保護平穩，歷年增修埽工，至千有餘丈。江水清深，先用碎石拋擲，塡平其底，然後下埽鑲護，復以碎石護其根基。雖遇風潮，不致輕易掣動，保固崖岸，以衞城垣，江防之要略也。」

第三節 瓜洲之埽工

河工圖說云：「瓜洲沿江本無工程，清河臣趙世顯等題請於息浪庵前，建築護城堤埽工程。又花園港等處，建築埽壩各工，歷年歲搶修防。至雍正五、六年後，江溜北趨，直逼瓜洲，江岸逐漸塌卸，逼近城垣，甚屬危險。又經河臣嵇曾筠於瓜洲沿江拋塡碎石，增修埽工，共長三百三十六丈，保固江岸，始獲平穩。」

第四節 京口之埽工

河工圖說云：「鎭江府京口，爲江、浙兩省糧船由運入江之要道，東西諸山環繞，連崗高阜。惟京口臨江一面，地勢平衍，民居稠密，向有談家洲，以爲外護。雍正十一年間，江溜刷去談家洲，直逼京口，坍塌崖岸，街道民房，俱有傷損，關係緊要。經河臣嵇曾筠於雍正十三年奏明，照瓜洲之式，拋塡碎石，下埽保護，得以平穩。」

第四章　堰閘

第一節　秦李冰之作堰

四川總志云：「秦李冰鑿豚崖以疏沫水，鑿離堆引江水循灌城東注，於是衆渠順流，沃野千里，號稱陸海。厥後文翁、白敏中、張詠咸加修浚。冰又於所鑿離堆山設立都江堰，在岷江中流爲分江流之第一咽喉，得灌漑之利。故司馬遷著河渠書，瞻蜀之岷山大李公之功。且云：渠可行舟，民饗其利，蜀人廟祀焉。」

第二節　無爲州之築垻

清乾隆十年兩江總督尹繼善曰：「無爲州濱臨大江，舊有大垻一道，抵禦潮汐。緣江中續生三洲，洲頭支水，逼衝垻根，大壩屢經衝坍，請於鯡魚口、鮑家橋二處加築一壩。但逼近大河，無地可築，應先另開河道，讓出餘地。請將王家渡一帶河道堵塞，另開新河一道，並挑挖白米塍河，於秋、冬水落後興工。」（見江南通志）

第三節　揚子橋之石閘

揚州府志云：「揚子橋卽古揚子津，在府城南十五里，漕河至此分二道入江，橋有石閘一座，明季建。乾隆五年修金門，寬一丈，高一丈二尺，閘下河長二千二百三十丈。每年大汛，啓放洩水，至深港入江。」

第四節　龍陽縣之水涵

常德府隄防考略云：「小汛洲隄，在龍陽縣西二十五里，內有塘涵二座。大汛洲隄，在龍陽縣西四十里，周圍一千八百六十餘丈，內有涵四座。大圍隄在龍陽縣北，周三萬五千八百餘丈，計一百二十里，上接沅、辰諸溪洞水，下濱洞庭大湖，舊有水涵七座，以洩積聚之流。康熙四十八年，令地方官專管，雍正六年，奉旨發帑修築。」按水涵亦爲洩流之用，其制與閘相仿也。

第五節　金水之築壩建閘

金水爲揚子江支流之一，其流域跨嘉魚、蒲圻、咸寧、武昌四縣。流域之東、西、南三面，羣山環抱，中則湖泊谿壑，奔流匯瀦，金水盡挾羣流至金口而入江。歷年以來，每遇江漲，則江水倒灌，患害頻仍。疊經測量，決定築土壩於禹觀山，橫斷金水之流，以防江水之倒灌。建船閘於赤磯山內通引河，外達金口，閘得隨時啓閉，以便航行。開挖引河，直達赤磯山，使金水得以宣洩。建築洩水門於赤磯山，匯流域內過量之水，由引河導至洩水門，而出於江。以上四項，爲基本工程，加以修隄浚河爲之輔翼，預計經費，約需一百萬元，已於民國二十二年春由全國經濟委員會主持興工云。（參照湖北金水整理計劃草案）

第六節　白茆河之建閘

白茆河在江蘇常熟縣之東南，經白茆鎮過支塘，東北流至白茆口入江。與江陰、無錫、吳縣、崑山、太倉之水利，均有關係。因江潮倒灌之影響，自宋元以來，屢浚屢淤。舊時原有老閘、南新、北新等三閘，北新閘距白茆河口僅三里許，南新閘七里餘，老閘位二者之間。查北新閘建於道光十四年，與外塘相連，扼潮於白茆口外，下游之淤塞雖免，而潮汐之沖刷甚猛，卒致圮毀。南新閘建於同治七年，係退築於口內，以免潮之沖擊，而閘外之沙積甚速，不久淤塞，致閘之效用全失，旋即廢棄矣。現經勘測結果，擬在南新閘附近之灣曲部分，距白茆河口約七里許，（該處河面寬約十五丈左右，適合河身之平均寬度，較爲相宜。）另闢新引河，長約一百四十餘丈，建閘其上，則潮汐之沖刷可免。至閘外防淤之法，即所築閘門，較河牀斷面略小，俾束水勢，而利洗刷。並築垻於故道上段，使江沙之流入口內者，逐漸納於故道灣曲處，使其自然淤塞，以省挑塡之工。是項工程，由揚子江水利委員會於二十四年十一月興工，全部工程經費爲三十餘萬元云。（參照白茆河水利考略）

第五章　拒溜之附屬工程

第一節　都江堰之鐵龜鐵牛鐵柱

四川總志云：「都江堰始築於秦李冰，民饗其利，漢、唐以及宋、元，堰法漸壞。元至元間，簽事吉當普鑄鐵龜，民利之。明嘉靖間復鑄鐵牛。銘曰『問堰口準牛首問堰底尋牛趾，堰隄廣狹順牛尾，水沒角端諸堰豐須稱高低修減水。』眞名言云：「萬曆乙亥，巡按御史郭公增以鐵柱，命尋牛趾而濬之，自堰以下，爲仙女、三泊洞、寶瓶、五陡口、虎頭諸岸間，直三十二柱。每柱長丈餘，共用鐵三萬餘斤，以江水過重則力分，安流則堰固，大都仿古云。」

第二節　拒溜鐵牛之安設

清乾隆五十四年，沙市等九處各製鐵牛一具，並築砌石基安設。又五十六年，荊城萬城隄、中方城、上漁埠、李家埠、中獨、楊玉路口、楊林洲、黑窰廠、觀音寺九處頂衝坐灣，溜勢內逼，每處安設鐵牛一具。（見續行水金鑑）

第三節　保城之石櫃

常德郡治與武陵、龍陽二縣地皆濱江，歷來歲遭水害。南齊永明十六年，沅江諸水暴至，常德沒城五尺。宋淳熙十六年，沒城一丈五尺，漂民廬舍。後唐沈如常砌石櫃以殺水勢，得保城垣。元延祐六年郡監哈喇於府學前又砌石櫃一座，高二丈餘，益加保固。（見行水金鑑）

第四節　舵桿洲之石臺

岳州府隄防考略云：「舵桿洲石臺在洞庭湖中。清雍正九年，軫念四方行旅及楚省居民經九江五瀦之險者，東湖尚有洲岸可泊，西則渺漫無際，風鼓浪作，每至不測。特頒發帑金二十萬金建造石臺，袤延九十六丈，高六丈，地廣三十丈，頂二十丈，狀如弓背，或浪至易分，南爲偃月隄，灣深可泊。凡往來舟楫，遇水漲風驟，棲宿臺南，從此有衽席之安，無漂淪之患。」

按以上之鐵牛、鐵柱、石櫃、石臺等物，所以頂衝水勢，使之安流，爲隄堰之保護，避舟行之危險，其法亦頗可採，故殿於本篇之末焉。

第四篇　前代水利討論

江河防治方法，不外研究洩蓄與從事防堵二途。洩蓄爲治本之計劃，防堵爲治標之工程。故浚江道，疏沙洲，闢支河，開穴口，皆所以利宣洩廣容蓄也。而禁止江灘湖地之圍墾，使江湖容量，不致因之而減縮，此洩蓄之護助工作，而亦最關緊要者也。建隄岸，築垸圩，設石櫃，置鐵牛，均所以禦洪潦資防堵也。而築月隄，施埽工以及排樁植柳，此隄防之補助工程，而使之堅固不決也。惟閘壩雖主防堵，而亦含有蓄洩之功用，蓋介乎二者之間也。夫言治水之道，自禹迄今，實不越使盛有所洩，盈有所蓄，容與澹蕩，俾得朝宗而東注，不使橫溢潰漫，以爲民患也。然自支河漸湮，穴口漸塞，湖田圍懇日增，有開之不勝開，廢之不能廢者，形禁勢格，積習難返。不得不繕完隄防，以備洪潦。雖有一時之利，而其害仍未盡去也。故江本溢而不決，決之害，始於防。防固治標之策，而非根本之計，明矣。然今日沿江人民繁盛，閭閻比櫛，多恃隄以爲命。計惟有固其隄防，以救目前。俟逐漸開闢引河，廢除湖田，以利洩蓄，而策將來。茲將前人討論水利各說，擇要採集，以供究心水利者之參閱焉。

第一章　水利總論

第一節　江河溜勢情形之不同

清乾隆五十三年，湖廣總督畢沅奏曰「江水浩渺，又非河流可比。黃河大溜，止有一股，引河得溜，卽全溜皆注，可以藉水刷沙。江水流勢平鋪，浩瀚莫測，若卽開挖引河，至深不過二丈，江溜仍走深處，引河不過略分溜勢，難望刷沙。若將突出洲勦，先行切去，現在洲邊，俱係平水，切去沙土，不能隨流衝淌，仍慮淤墊，於事亦屬無益。再四籌酌，必先築壩挑逼溜勢，俾有所專注。再行迎溜挑挖引河，方可迎受江水，衝刷洲沙。」（見續行水金鑑）是江河溜勢，強弱互異，故所施埽工，亦有不同。按河渠紀聞云：「江工與黃河工程不同，黃河頂衝埽灣，淘刷埽根，深不過三、四丈，用寬長大埽，重土逼壓，至蟄入爛泥，卽止不動。江水清深，力大，沙岸高闊，埽不易到底，清水汕刷，更猛於濁流，不能以長樁大埽，敵千尋之巨浪。」是知江水清深，其力較大，故歷來治江者，必築壩挑溜，開河引水，而施用埽工，必先抛塡碎石，以固其基也。

第二節　論江湖淺湮之由來

修築隄防考略云：「近年深水窮谷，石陵沙阜，莫不芟闢耕耨。然地脈既疎，則沙礫易圮，故每雨則山谷泥沙，盡入江流，而江身之淺澀，諸湖之湮平，職此故也。」（見續行水金鑑）按近年以來，農村經濟衰落，深山之林木，多採伐價賣以果腹，甚將樹根挖掘淨盡，以作燃料。是則山土益鬆，一遇霖雨，既難蓄水，而泥沙隨流，迸奔而下。故江河之淤淺較易，而水患亦較烈也。

第三節　宋郟亶論水利

郟亶上水利書略曰：「天下之利，莫大於水田，水田之美，無過於蘇州。然蘇州五縣，雖號水田，其實崑山之東，接於海之岡隴，其地東高而西下。常熟之北，接於江之漲沙，其地北高而南下，是二處皆謂之高田。而崑山岡身之西，抵於常州之境，常熟之南，抵於湖秀之境，其他低下，皆謂之水田。高田常苦旱，水田常苦澇。水田多而高田少，水田近於城郭，人所見而稅復重。高田遠於城郭，人所不見而稅復輕。此議者所以但知治水，而不知治旱也。今先取所謂高田者，設堰瀦水，以灌溉之，浚其經界溝洫，使水周流，以浸潤之，立岡門以防其壅。然後取凡所謂水田者，一切罷去其某家涇、浜之類，循古遺跡，或五里、七里而爲一縱浦，又七里或十里而爲一橫塘，因塘、浦之土，以爲隄岸。使塘、浦闊深，而隄岸高厚，雖大水不能入於民田。然後擇江之曲者決之，則塘、浦之水自高於江，而江之水亦高於海，不須決洩，水自湍流。吳淞江南北岸水田約一百二十餘里。南岸大浦二十七條，北岸大浦二十八條，淞江北橫塘二條。以上塘、浦五十七條，並當淞江之上流，皆是闊其塘、浦，高其隄岸，以固田也。久不修治，遂至隳壞。議者不知此塘、浦原有大岸固田，乃謂古人浚此大浦，只欲泄水，此不知治田之本也。今當浚治其浦，修成隄岸，以禦水災，不須遠治他處塘、浦，求決積水，而田自成矣。」

再上水利書曰：「今究治水之利，必先於江寧治九陽江、銀林江等五堰，體勢故跡，決於西江。潤州治丹陽練湖，相視大綱，尋究函管水道，決於北海。常州治宜興滆湖、沙子淹，及江陰港浦入北海，以望亭堰，分屬蘇州，絕常州輕廢之患。如此，則西北之水，不入太湖爲害矣。又於蘇州闢吳江之南石塘，多置橋梁，以決太湖，會於青龍、華亭而入海，仍開浚吳淞江，其他江湖風濤爲害之處，並築石塘及淤彭堰與諸漾等處，尋究昔日涇港，自南經北，以漸築爲岸隄，所在陂淹，築爲水堰。秀州治華亭、海鹽港浦，仍體究柘湖、澱山湖等處，凡有民田高壤，障遏水勢，不可疏決者，並與開通，達諸港浦。杭州遷長河堰，以宣、歙、杭、睦等山源，決於浙江。如此，則東南之水，不入太湖爲害矣。此所謂旁分其支脈之流，不爲腹內畎畝之患者此也。往年治水之說，大約有二：一則導青龍江，開三十浦；一則使植利戶浚涇、浜，作圩岸。是二者各得其一偏。今治水若止於導江開浦，則必無近效；若止浚涇作埒，則難以禦暴流。要當合二者之說，相爲首尾，乃盡其善。但施行先後，自有次第耳。爲今之策，莫若先究上源水勢，而築吳淞江兩岸塘隄，不惟水不北入於蘇，而南亦不入於秀，兩州之田乃可墾治。今之言治水者，不知根源，始謂欲去水患，須開吳淞江，殊不知開吳淞江，而不築兩岸隄塘，則所導上源之水，輻輳而來，適爲兩州之患。蓋江水溢入南北溝浦，而不能竟趨於海故也。倘效漢、唐以來隄塘之法，修築吳淞江岸，則去水之患已十九矣。」（見江南通志）

第四節　宋趙子潚論水利

趙子潚治水利方略曰：「浙西諸州，平江最爲低下，而湖、常等州水皆歸於太湖。自太湖以導於淞江，自淞江以注於海。是太湖者數州之水所瀦，而淞江又太湖之所洩也。然以數州瀦水亘浸，而獨洩於一淞江，宜其勢有所不逮。是以昔人於常熟之北，開二十四浦，疏而導之揚子江。又於崑山之東，開一十二浦，分而納諸海。兩邑大浦，凡三十有六，而民間私下涇港，又不可勝數，皆所以決壅滯而防汛溢也。後因潮汐往來，泥沙積淤，舊置開江之卒尋亦廢去。此太湖所以湮塞，而民田有漂沒之憂也。」（見江南通志）

第五節　元任仁發論吳越南宋制水之法

任仁發水利議答曰：「議者曰：『錢氏有國百餘年，止長興間一次水災，宋南渡百五十餘年，止景定間一、二次水災，今或一二年、三四年，水災頻仍，其故何也。』答曰：『錢氏有國，宋南渡，全藉蘇、湖、常、秀四郡所產，以爲國計，常時盡心經理，高田、低田各有制水之法。其間水利當興，水害當除，合役軍民，不問繁難，合用錢糧，不吝浩大，必然爲之。又使名卿重臣，專董其事，豪戶勢家，簀言不能亂其耳，珍貨不能動其心。又復七里爲一縱浦，十里爲一橫塘，田連阡陌，位址相接，悉爲膏腴之產，以故二、三百年之間，水災罕見。國朝四海一統，又居位者未知風土所宜，視浙西水利，與諸處無異，任地之高下，時之水旱，所以一、二年間水患頻仍也。』」（見江南通志）

第六節　元任仁發議浙西治水之成效

任仁發水利議答曰：「議者曰：『水旱天時，非人力所可勝，自來討究浙西治水之法，終無寸成。』答曰：『浙西水利，明白易曉，何謂無成。大抵治水之法有三：浚河港必深闊，築圍岸必高厚，置閘竇必多廣，設遇水旱，亦不能爲害。昔范文正公請開水浦，議者沮之，公力排浮議，疏浚積潦，歲以大稔，民受其賜，載之方册，昭然可考，謂之無成可乎。』」（見江南通志）

第七節　明沈幾論東南之水利

沈幾曰：「國家財賦，抑給東南，東南民命，縣於水利，水利要害，制於三江，禹貢所稱：『三江既入，震澤底定』者，是也。自海塘障而東江湮，止二江受全湖之水，宋、元以來，多水患也。然猶有二江也，至嘉靖之季而松江塞矣，嘉靖壬戊諸年之所以多水患也。海忠介公受符治之，功未及半，而松江之士大夫齮齕焉，謝事去，萬曆己卯諸年之愈多水患也。然猶有半松江全婁江也，自庚辰來五十年間，松江之半開而易塞，婁江以全身而半塞，是以半江受全湖之水，十年九湮，夫奚疑哉。請先言婁江，夫水勢必趨東南，婁在太湖東北，而水全趨之者，其故有二：一者地近，北爲唯亭，南爲甪直，皆去湖不五十里，而潮汐通焉，呼吸相接，地近則趨從其便也。二者勢迫，兩江既塞，無從分派，全身趨婁，其勢重，其流愈急，從其迫也。若然，則婁之所係大矣。而水利之官空設，開浚之策不講者，士夫爲之礙也。婁江自蘇之婁門出，下雉瀆，經唯亭，至崑山，由爺子河抵太倉，而入瀏河者，人以爲婁江故道，而非也。此婁江之最平穩處，故治以爲官道，而險不在焉。在北爲陽城湖，連亙百餘里，而走白茆塘，南遮松江之半身，連亙四十餘里，其廣者可百餘丈，狹者可十四丈，而走安亭、漳浦，其大凡也，而至廣至狹不與焉。潮勢洶湧，挾泥沙而上，泥停水去，日漸一日，泥壅沙浮，河身高淺。小民射利，旁岸俱種菱蘆。菱蘆既生，泥沙藉之可以安立。不二、三年，可種菱藕。菱藕衍蔓，泥沙愈凝，不三、四年，可種苗稻。築爲外圩，照前漸擴，於是河之百餘丈者漸爲數丈，數丈者漸爲二、三丈。平時不覺，迨至夏雨時行，水勢一漲，急不得瀉，膏腴之壤盡爲巨浸，直須臾耳。以所陞之毫末，易所湮之鉅萬，以千百家之受利，易萬姓之災荒，其利害易知。而士夫爲子孫計，狃目前之利，必不肯棄此，以謀軍國之大計也。故曰白茆開，利歸蘇，而阻撓者必蘇之士夫也。其次言松江，夫水勢趨東南，其正脈也，而入海之道稍遠，既合東江之水，河浦最多最大，汪洋浩渺，不可復治，官道所以驛傳，借路嘉興，其中水勢既盛，蓄洩甚難。而松江泥沙同於嘉興，其味鹵，其質重，易於凝滯，結爲原壤。向之河身，已架高屋樓房，起爲墳墓。嘉定以南，華上以北，一望平蕪，百里之中，不聞舟楫，此豈尾閭之地所宜也哉。就耳目所及，舉一以例餘，如吳江長橋，浙直孔道，凡有軒車無不駐節。試觀長橋之下，爲門七十有二，以殺水勢，古人苦心極慮，觸目可思。而間有貪利者，東西占爲菱蘆數百頃，漸塡爲平壤，架爲市房，坐視吳江之民頻遭水厄，湖水一漲，灌城而入，全縣之田，蕩然爲患，士民屢屢具呈，貪者執不肯行，寧兩府全荒不恤也，又近之而一縣全荒不恤也，又近之而本戶所荒百千餘畝，籽粒不存，又不恤也，而止顧此尺寸之利，罔念滔天之害，何愚一至此哉。觀此一處，例知萬情。故曰松江之開，利歸松江，而開之有阻撓者，必松江士夫也。然則棄小利以弭大害，捐情面以專責成，是在今日當事矣。」（見江南通志）

第八節　明慕天顏論水利

慕天顏疏河救荒議曰：「按湖水之奔趨而東也，一自澱山泖湖，從華亭之南折而東北入海者爲黃浦。一自吳江長橋，歷長洲、崑山、靑浦、嘉定界至上海，合黃浦以入海者，爲吳淞江。一自吳縣鮎魚口北入運河，經郡城婁門。上下雉瀆，抵崑山至和塘，東合新洋江，由太倉歸劉家港入海者爲婁江，卽今劉河也。迨吳淞入海之處，沙壅茭叢，昔夏忠靖公引黃渡以西之水北入劉河，是今日劉河之一線，爲淞、婁二江之尾閭，合蘇、松諸郡之民命攸關者矣。浚之烏可一日緩哉。但在蘇則望劉河之深廣，而崑、太、嘉爲尤切；在松則必圖吳淞之成渠，而上、靑諸邑爲尤近。兩府所議，各就

其所切己者而言，未可為全局之通論也。」（見江南通志）

第九節　清顧亭林論水利

顧亭林曰：「余蒿目楚疆，為之諮詢，迺知時異事異，其迹不能盡沿，要在觀變度宜，善體其法用之。堯時中國之水皆陸浮，禹治而納之地中。其法有五：堅則鑿之，成則灑之，淺則瀹之，大則決之，急則排之。而其要則有二：曰經，曰緯。夫漢之南入，江之北匯，皆禹貢所列為楚大經者。然漢則東為滄浪，過三澨乃至大別。江則東別為沱，至於澧，過九江，至東陵，乃迤北而匯焉。隨地注瀉，使游波寬緩，不相激薄，何其緯之有緒也。經緯既備，水為安流，故總謂之導，言順其道行之爾。平成既久，民多濱水而居，或塡築而業之。故潛、沔之間，所謂滄浪、句雍諸澨，皆不容力，甚或至不可辨。而澧水與江相去凡百餘里，禹時之九江，猶受岷江之輸。今九江自相經緯，瀦為洞庭，且與江、漢敵大矣。故禹所患者，經不足以持緯，其治法後緯而先經。今所患者，緯不足以受經，其治法後經而先緯。周禮稻人職掌稼下地，以瀦蓄水，以防止水，以溝蕩水，以遂均水，以列舍水，以澮瀉水，雖主治澤田，而最得治水緯法。阡陌既變，故道湮沒，智巧之士，始隄而障之。夫障雖起於後世，然周之防，禹之排，實肇端焉。顧專事隄岸，以捍衝流，則必有利而不利。惟審勢度宜，堅為之隄，以禦水之經者，而又分注湖槽，使有所游蕩，股引取之，則經緯得理，水不為害。賈讓以繕隄為下策，非通論矣。至徙民當水衝者，歲取治河費以業徙民，今議者猶引為上策。楚民多澤居，稅賦半出其中，國家經費有常，豈能捐費徙民，民徙而水不止，棄之安窮闔於用矣。若取就河隄，多穿漕渠，張水門殺水怒之策，江、漢舊時，穴口數十道，民環居隄上，水有洩，歲不爲患。頃以豪右規利，漸塞諸穴口，故水患洊至。惟沿漢江相其故道，擇其急要者，爲開浚小河陳洪、謝家、泗港諸河，以洩漢流。開浚虎渡、郝穴、采穴、新衝諸口，以散江漲。使民得隄爲衛，不患昏墊矣。」（見續行水金鑑）

第十節　論溝渠經緯之布置

近人田桐曰：「蘇州、常熟，一名琴川，何以故，當年山水西來，往往爲害，厥後浚川七道，布於縣中，如七絃琴然。自是之後，西受山水，東注江河，水旱皆不爲災，常熟之義所由取也。至於今日，非但如琴，琴有縱無横，今則縱横皆有，如棋盤然，如蛛網然，非但常熟已也，舊之蘇、松、常、太以及浙之杭、嘉、湖，皆如是也。清代戶部統計中國田賦二分，蘇、松、太、杭、嘉、湖六屬居其半，水利優美爲之也。長江水量甚大，惜少平原，難灌溉之利。成都灌縣，古稱離碓，戰國時，秦守李冰避沫水之害，穿二江而成渠，復散之以灌田，縱横六百里平原，食其福者二千三百年，未有艾也。」（見太平雜誌民國十八年第一卷第一期）

第二章　論隄防

第一節　修築隄防之法

修築隄防考略云：「修築隄防之事，備考古今，可經久而通行者，蓋有十焉：一曰審水勢。東洗者必西淤，下澀者必上湧，築隄者審其勢而爲之址，最難禦者，莫如直衝之勢。議者退爲曲防，故荆州、虎渡、穴口之隄，先年愈退愈決，而後直逼江口以遏水衝，乃得無恙。他如順注之傾涯，則隄勢宜迂，急湍之回沙，則隄勢宜峻。二曰察土宜。一遇缺口，必掘浮沙見根土，乃築隄基，其所加挽者，必用黃白壤。三曰挽月隄。洗在東崖，則沙回而西淤，在南勝則波漩而北塞。故往往古隄反抱江流者，爲水所齧，即臨仰涯之上，勢甚孤懸，必先勘要害之地，而豫築重護之隄。四曰塞穴隙。獾屬螻蟻窠穴，秋、冬水涸，徧察孔端，極探其原而爲之防。五曰堅杵築。木杵不如石楞，石楞不如牛轢。六曰捲土埽。塞決口護城隄之法，埽以萑葦爲衣，以楊柳枝爲筋，以黃壤爲心，以穀草爲綍纚，因決口之淺深，水勢之緩急，而爲長短大小者也。若隄防初成，土尚未實，必以楊柳枝爲埽，橫棲於隄外，則可以禦波濤而隄無恙。七曰植楊柳。八曰培草鱗。九曰用石甃。當衝決之要處，若非石隄，必不能回水怒而障狂瀾。十曰立排樁。將大木長丈餘，密排植於隄之左右，聯以綍纚。

結以竹葦，則風浪先及排樁，而隄可恃以不傷也。」（見續行水金鑑）

第二節　論湘鄂隄塍形勢之迥異

清湖南巡撫王國棟奏曰：「湖南長沙、岳州、常德三郡，逼近洞庭湖邊，計有隄之處，如湘陰、巴陵、華容、安鄉、澧州、武陵、龍陽、沅江、益陽九州縣，環遶太湖，隄塍甚多。緣洞庭一湖，春、夏水發則洪波無際。秋、冬水涸則萬頃平原。濱湖居民，遂築隄堵水而耕之。但地勢卑下，水患時有，惟恃隄垸以爲固。蓋同一隄塍，而形勢與湖北迥異者。湖北之隄，禦江救田。湖南之隄，阻水爲田。湖北之隄，或東西長數百里，南北長數百里。湖南之隄，大者周圍百餘里，小者二、三里，方圓不一，星羅棋布，名雖爲隄，其實皆垸。而洞庭一湖，三面受水，凡沅、湘、滇、黔、川、粵之水，千條萬派，皆匯其間，而所賴以洩瀉者惟江。偶値水大之年，諸水迸歸，江水又漲，不惟不洩，反灌入湖，隄垸不能堅固，致衝決漫溢，田禾淹沒，民難安堵。」（見續行水金鑑）

第三節　論決隄之原由

守護隄防考略云：「決隄之故有三，有甚堅厚，而立勢稍低，漫水一寸，卽流開水道而決者。有隄形頗峻，而橫勢稍薄，湧水撼激，卽衝開水門而決者。有隄雖高厚，而中勢不堅，浪水漸透，卽平穿水隙而決者。要皆修築旣疎，而防守

復息坐致此患耳。」（見續行水金鑑）

第四節　論決生於防

近人田桐曰：「鯀之治水也，以湮致敗。禹則反其道而行之，以洩以蓄，不以隄防，而功甚久，且習見乃父致敗之道，化損爲益。孟子曰：『禹之治水也，行其所無事也，所惡於智者，惡其鑿也。』吾則易一字曰：『所惡於智者，惡其防也。』決生於防，徙亦生於防。不防之害，惟有溢也，決之害大歟，徙之害大歟，抑溢之害大耶，此不待智者而決也。」（見太平雜志）

第五節　論改糧廢隄

清湖北巡撫鄂寧奏曰：「湖北素稱水鄉，除鄖陽、宜昌、施南三府外，其餘七府屬外臨江河，內濱湖港者，所在皆是。雨水稍多，即漫淹田地，歲以爲常，土人亦視爲固然，此等水易漫淹之區，大率以水鄉魚糧等則例起科，上、中、下三則，賦甚輕減。且每年水漫掛淤，土性加肥，來年春收必倍。況水退涸出後，原可相其節氣，以次補種中禾、晚禾。即遲至白露節內涸出，亦可補種蕎麥、雜糧等物，此濱臨江湖州縣之大概形勢也。先年隄外皆植蘆葦，藉以散緩水勢，迨後生齒日繁，小民趨利，逐漸芟除蘆葦，墾爲麥地，一經汛漲，水逼隄根。不如改糧廢隄，以便民生，而順水性。無水之年，以地爲利，有水之年卽以水爲利，任水之自然，不與之爭地，俾免告災請賑之繁。其原有隄塍，聽其自便，亦省修築傳呼之擾。」（見續行水金鑑）

第三章　論穴口

第一節　論穴口之開塞

河渠紀聞云：「夫穴口所以分大江之流，必下流有所注之壑，中流有所經之道，然後上流可以分江瀾而殺其勢。楚有三大江，惟川江獨據中流，故穴口在南者，以澧江爲所經道，以洞庭爲所注壑。在北者以潛、沔爲所經道，以漢口爲所瀉地，故川江獨有穴口。然古有九穴十三口，江水分流於穴口，穴口注流於湖渚，湖渚洩流於枝河，枝河瀉入於江海，此古穴所以並開者，勢也。今耕牧漸繁，湖渚漸平，枝河漸湮，穴口故道，皆爲廛舍畎畝，他如章卜等穴故道，無復舊蹟矣。此今穴所以多塞者，亦勢也。虎渡、郝穴二穴獨存者，衆水會合，則流行不絕，注瀉有壑，則水道不壅。若穴口之枝流多湮，則江水之正流易泛，其何能免於浸決之患。又以襄陽、安陸之防水，惟修築隄防爲上策，而勢有遷徙，非人力所能爲。若竹筒一河，上接漢水，下通漢口，如咽喉不可塞，治楚南水患，必以浚此河爲先。竹筒水道，惟中淤十五里，其淤平絕流者，衹七里許，今已開浚通流，然遇漲則沙迴淤停，隨淤隨浚，始無大梗，此楚江之大勢。」

第二節　荊南北穴口開塞情形之不同

河渠紀聞云：「江陵舊有九穴十三口，可開者赤剝、郝穴、楊林。然至今日，生齒日盛，耕牧殷繁，湖渚漸平，枝河漸湮，穴口故道皆廛舍畎畝，即章卜等穴故道無復舊跡，此開穴口之所以不可行於今日也。惟有隨時堅築補偏救弊，爲保衞民生至計。至荊南以開古穴爲得策，亦自有故。虎渡流注澧江，入洞庭，江南之溪水俱注之。郝穴流出瀵口，與大江復合，江北之溪水俱注之。衆水會合，則流行不絕，注瀉有河，則水道不壅。二穴所以至今獨存。荊南人猶幸有虎渡、郝穴，可分大江南北之勢，必將二穴枝河淤塞開通，使不至湮如舊穴。枝隄修築就緒，然後開水門，以受江流，分洩水勢，所在通流，無東西泛濫之患也。」

第四章　論開浚

第一節　明夏原吉論疏浚

夏原吉治水奏曰：「浙西諸郡，蘇、松最居下流，大湖綿亙數百里，受納杭、湖、宣、歙溪澗之水，散注澱山等湖，以入三泖。頃爲浦港湮塞，漲溢爲害。拯治之法，要在吳淞諸浦，導其壅滯以入海。按吳淞江袤二百餘里，廣一百五十餘丈，西接太湖，東通海，前代常疏之。然當潮汐之衝，旋疏旋塞。自吳江長橋，抵下界浦一百二十餘里，水流雖通，實多窄淺。從浦抵上海、南倉、浦口一百三十餘里，潮汐淤塞，已成平陸，灩沙浮泥，難以施工。臣等相視嘉定之劉家港，常熟之白茆港，皆係大川，水流迅急。宜浚吳淞南北兩岸安亭等浦，引太湖諸水，入劉家、白茆二港，直注江海。又松江大黃浦，乃通吳淞要道，今下流壅遏難疏，旁有范家浜至南倉浦口，可徑達海，宜浚令深闊，上接大黃浦，以達湖泖之水，此即禹貢三江入海之迹。每歲水涸時，修築圍岸，以禦暴流，則事功可成，於民爲便。」（見江南通志）

第二節　清朱逵吉論疏浚

道光十三年，御史朱逵吉疏曰：「湖北之水，江、漢爲大，欲治江、漢之水，以疏通支河爲要策，而隄防次之。查乾隆五十三年至嘉慶十三年中間，江、漢屢溢，淹漫田廬。總督汪志伊任內請建新隄、福田諸閘，以時啓閉，並請疏通支河，以洩漲盛。厥後隄防漸固，水患稍息，著有明效。聞近來沙漲漸增，支河益淤，以致橫流衝決，雖有隄防，難資捍禦。查江面南岸，有采穴、虎渡、楊林市、宋穴、調絃諸口，皆可疏江水，以達洞庭。洞庭增長一寸，卽可減江水四、五尺，江水勢減，則江陵、公安、石首、監利、華容等處，俱可安枕。漢水北岸，有操家口及鍾祥縣之鐵牛關、獅子口等處古河，幷天門縣牛蹏支河，俱可疏漢水，使之北流，匯於三臺、龍骨諸大湖，其地曠衍，足以容水紆緩，可免衝決，然後與江水會，不至助江爲暴。又潛江縣北垸之大澤口支江縱橫交錯，卽江北之雲夢。其間有白泥、赤野、斧頭等湖，皆有支港以通江、漢。近日支河淤塞，諸湖堵洲，亦被民間侵佔，以致數千里之漢水，直行達江，江不能受，倒溢爲災。爲今之計，惟有疏江水支河，南使匯於洞庭，疏漢水支河，北使匯於三臺等湖。疏江、漢支河，使分匯於雲夢、七澤間。然後隄防可固，水患可息，所謂禦險必藉隄防，經久必資疏浚也。」（見湖北通志）

第三節　清吳偉業論開劉河

吳偉業曰：「夫劉河者，婁江入海之口也。禹貢曰：『三江旣入，震澤底定。』震澤者，太湖。三江者，淞江、婁江、東江也。必三江入而震澤始可底定，則以東南之水，太湖不足以受之，而用大海以爲歸也。案令甲三江淤塞，起六郡人夫，挑浚吳淞江、婁江，其地在蘇、松兩郡，而起六郡人夫者，則以三江所受之水，非一郡之水，而三江所救之田，亦非一郡之田也。今劉河塞矣，太倉、嘉定沿河腴產，皆化爲石田、焦土，不可復耕，則其患在兩邑爲尤切。然兩邑之所資者，獨有灌溉耳。若夫宣洩之不通，其害之遠且大，有百倍於灌溉者，不可不察也。今卽以崑山、常熟之近者觀之，其田瀦爲巨浸，以彼隄、堰、圩捍之防，非不力也；塘、浦、涇瀝之流，非不疏也。害其彌甚，則以劉河之塞，扼之於口也。且非獨此也，前此冬月水涸，今冬月水不涸矣。前此一年旱，一年水，今連年大水矣。湖、氿、溪、泖泛漲之勢日增，而其民不得已，迺爭尺寸之地，晝夜與水相持，以益其怒，萬一澤腹太滿，挾五、六月之淫潦，衝齧奔潰，則漕賦於何而出，民生於何而救。故劉河之應開，不待再計而決者也。」（見江南通志）

第四節　清白登明論開婁江

太倉州知州白登明曰：「財賦關乎農田，農田關乎水利。自劉河塞，而邑之東南，皆成石田。岡身之水，倒注西北，是高低俱困也。甲午夏，颶風駕潮，沸溢無歸，木棉淹盡。予拊膺曰：『是予過也。』易曰『窮則變，變則通，通則久』。昔禹開三江，鑿斷岡身，曾何因襲。且古今異宜，不當別開新道，稍代婁江之任耶。適顧生士璉策東朱涇繪圖以進，曰：『此十年之所究思，婁民之所想望也。有四大益焉：救本邑旱潦，一也；洩鄰邦汎濫，二也；通東南舟楫，三也；開巽方形勝，四也。』予覽厥源委，西起於至和塘，東盡天妃鎭，旁及茜涇市，貫穿數支，以成全河。或仍舊迹用疏，或創新道用鑿，長六十里，約計萬丈，縱橫界至，咸就修理。於是受幹河協浚之規，斟酌派段，絕泥頭包攬之弊，給食佃夫，銷各圩實田，以杜規避。照魚鱗號册，以免賄藏。革塘長舊例，而私耗可省。開新樣河尺，而虛冒無庸。別難段、易段之繁簡，均坐區、客區之勞逸。分督則有層級，稽工則有標記。以及立限分程，賞勤罰惰，測深量闊，堆築開挑，纖悉臚列，懸諸國門。民遂刊木伐荆，負鋤荷畚以待。既役夫四至，疾於風雨，蜂屯蟻聚，萬衆齊施，長河蜿蜒，不日而就。予每十日一巡，一巡而工有其五，再巡而工有其八，三巡而功已竟矣。創見之舉，遂克有濟。蓋用東南之民，疏東南之河，固其素願。而又倣范希文遺意，當農隙饑荒，勸田主出粟，田夫用力，既役既賑，故功倍焉。若夫開江之任，乃人與數相需，有其候焉，予有志而未逮也。」（見江南通志）

第五節　清王柏心論疏導江流

王柏心濬虎渡口導江流入洞庭議曰：「聞導江矣，未聞防江也。江何以有防，壅利者爲之也。昔之爲防者，猶順其導之之跡，其防去水稍遠，左右游波寬緩而不迫，又多留穴口，江流悍怒，得有所殺，故其害也，常不勝其利。後之爲防者，去水愈近，閉遏穴口，知有防而不知有導，故其爲利也，常不勝其害。夫江自岷、蜀西塞，吞名川數十，所納山谷溪澗，不可勝數，重崖沓嶂，風雨之所摧裂，耕氓之所墾治，沙石雜下，挾漲以行五千餘里，至彝陵始超平地，經枝江九十九洲，盤紆鬱怒，下江陵，則兩岸皆平壤，沮、漳又自北來注之江，始得騁其奔騰衝突之勢，橫馳旁齧，無復羈勒，而害獨中於荊州一郡。家語曰：「江水至江津，非方舟避風，不可涉也。」郭景純江賦亦曰：「躋江津以起漲。」荊郡蓋有江津口云。江之有防，自荊郡始，防之禍，亦荊郡爲最烈。郡七邑修防者五，松滋、江陵、公安、監利、石首是也。以數千里汪洋浩瀚之江，東之兩隄間，無穴口以洩之，無高山以障之，至危且險，孰踰於此。況十數年來，江心驟高，沙壅爲洲，枝分歧出，不可勝數。江與隄爲敵，洲挾江以與隄爲敵，風雨又挾江及洲之勢以與隄爲敵。一隄也而三敵乘之，左隄強，則右隄傷，左右俱強，則下隄傷，隄之不能勝水也明矣。五邑修隄之費，一歲計之，不下五十萬緡，而增築、退築、蠲振之費不與焉。緡錢有盡，江患無窮，譬之以肉餧餓虎也。然而吏民終不敢議復穴口者，何也？上游受水之故道，與下游入江之故道，皆已湮淤，或化爲良田，又其中間陂澤，什九淤澱，不足以資渟蓄，欲盡事開鑿，未能輕舉，明知修防非策，而城郭田廬舍此別無保衞之謀，故竭膏血於畚鍤而不辭也。抑愚聞之，解糾紛雜亂者不空拳，救鬭者不搏撠，以隄捍水，愈爭而愈不勝，是空拳搏撠之智也。有策於此，不勞大役，不煩大費，因其已分者而分之，順其已導者而導之，捐棄二、三百里江所蹂躪之地與水，全千餘里肥饒之地與民，其與竭膏血事畚鍤者利害相去萬萬矣。請言其分，則江南之虎渡是已。請言其導，則自虎渡之入洞庭是矣。請言其所捐棄，則公安、石首、澧州、安鄉水所經之道是矣。禹貢之文曰：「岷山導江，東別爲沱，又東至於澧，過九江，至於東陵。」按水自江出爲沱，枝江亦沱也。澧卽今湖南澧洲，曰又東至於澧者，是江水南出公安而下經澧州也。九江卽今洞庭，以九水所入得名，大水入小水曰過，其曰過九江者，是江水南由澧州、安鄉而過洞庭也。東陵卽今湖南巴陵，其曰至於東陵者，是江水南出洞庭，至巴陵而復下合於江也。由此言之，神禹導江之故迹，不在北而在南也明矣。水經注，江陵枚迴洲之下，有北江之名，北則今荊江，南則虎渡至澧之道也。古時雲夢合南北爲巨漫，然江之經流，恆在於南，後乃以在北之荊江爲經流耳。昔也以長江入九江，故殺而漫。今也以九江入長江，故扼而溢，其勢然也。夫導江必於南者，何哉？蓋公安本沮、洳地，安鄉尤甚，惟澧州多山，江行公安而下注安、澧，得洞庭八百里廣大之澤，洄漩瀦蓄，其恣睢淩厲之氣，乃有所舒，然後弭節安行，以下合於江，此乃上聖因勢利導之功也。今雖以在北之荊江爲經流，然猶有南存虎渡口以備宣洩，特口門過寬，寬則束水無力，歲久積淤，雖遇盛漲，其流不暢，故旁溢橫決，無歲無之，決而復築，築而復決，決與築相循環無已，而民已窮，財已殫矣。今莫若修治虎渡口門，其寬不得過三里，測量口門達洞庭之道阻洩者幾何處，皆疏浚深通，凡水所經行處，及所氾濫處，皆除其糧額，其翼水支隄，皆棄而不治，俟河身暢達，水勢既定，然後相度高阜，聽民別建遙隄，以安耕鑿。若使大江經流自此超南，是復神禹導江故迹，萬世之長利也。卽不能如此，但分江水大半南注洞庭，則水力已殺，不過捐棄二、三百里之有名無實之租賦田畝，而北岸自荊州郡城及郡屬之江陵、監利，安屬之潛江，漢屬之沔陽、漢川、漢陽，皆可免衝決之患，上下千餘里間所全膏腴上產，不可以億萬計，又無每歲治隄增高培厚之費。是說也，不勞民，不傷財，不創異論以駭聽，不拂衆情以難行，因其已分者分之，順其已導者導之，而足以濟大災，紓大患，倘亦事之可行者乎。雖然，民可樂成，難於慮始，今建此議，恐衆論之猶多異同也，粗述其端，隨難立解，以次比附於後，凡難十解十。難者曰：『古之穴九，而口十有三，南北並建，故江患以紓，今如子說，何不於北岸並復穴口，若閉北而開南，是嫁禍於南也，北則安矣，南困奈何。』解之曰：『南北並復穴口，善之善者也，然北岸數百里內無山，彌望皆平野耳，引河故道不可求，陂湖淤淺，水至既不能容，又不能去，經年累歲，浩渺無涯，徒有昏墊之苦而已。若水注於南，則惟公安一邑受浸者什之六，其邑內東、西兩崗，廣袤各數十里，猶可墾田，可棲農民。安鄉受浸，倍於公安，水當宅其十之八九。至石首、澧州及與澧毗連之安福，則大半皆山，水所浸者纔什之一、二耳。況虎渡受江以後，入公安境，又自析而爲三：其一自公安之三汊河分西支，至澧州入洞庭。其一自三汊河分南支，出安鄉，合澧水，由景河入洞庭。其一自公安之黃金口分東支，過安鄉，由淪口入洞庭。夫江自虎渡析而爲二，虎渡又自析而爲三，江勢愈分，江怒愈殺，江流愈暢，必不至橫溢於南境，其與江行北岸之浩渺無涯者，不可同日語也，何嫁禍之有哉。』難者曰：『萬一經流南徙，是引全江入公安，而公安南境，又有山谷諸水自松滋來者，勢不能容，必至泛溢，設同時洞庭又復暴漲於下，烏睹其能宣洩哉，吾恐南境之民，盡爲魚也。』解之曰：『患經流不能南徙耳，誠能南徙，則水勢有歸矣，且隨漲隨洩，何至積而爲橫決乎。今夫公安南境之水，與洞庭之漲，歲歲有之，非關虎渡之浚也，不浚虎渡，江自決隄而南注者，十歲中嘗六、七見矣，能禁之乎。今不思順導江之迹以行水，而惴惴焉恐江之入南境，豈爲善慮患者哉。』難者曰：『水注於南，原隰高下，蕩爲廣澤，租稅將安所取，未睹益下，先見損上，當若之何。』解之曰：『南境江入則患水，隄決亦患水，歲常緩租，甚者蠲賑，民無升斗之利，而有版築之費，不足者仰給於上，是上與下交損也，賦額徒虛名耳。方今堯、舜在上，至仁如天，方鎮大吏又皆日夜孜孜講求利弊，惟恐一民不得其所，若舉災區積苦爲民請命，國家隆盛，擁薄海內外之大，豈以此區區一、二邑租賦爲輕重者，其荷俞允也必矣，然後遣清白吏按行虎渡，東至洞庭，視卑下之區，水所能至處，徵集村耆，按方田圖册，豁除糧額。其高阜之鄉，毗連他邑者劃而隸之，按徵如故。凡南境各隄徭役皆罷，士籍存於鄉學，府史分隸旁縣，省吏祿，減撫賑，而民皆蕩然獲再生之樂矣。』難者曰：『賦除矣，南境居民當水所過者，遷徙之費，誰給之乎？且何以贍其生耶？策將安出。』解之曰：『南境患潦，所從來遠矣，前此豈無遷徙，誰給其費耶，誰贍其生耶。吾聞南境之民，去其鄉井者大半矣，或舍耒耜而業工商，或棄隴畝而操網罟，其濱水而居者，轉徙無常，餘者皆棲處岡阜，今卽大江分注，水所氾濫，不過如前此歲歲之淪胥而已，安其在重煩遷徙耶。且暢流之水，與橫決之水，其強弱不侔矣。況賦額已除，則民得收其菱、藕、茭、葦，魚、鼈、螺、蚌之饒，而又無徭役以困之，無胥吏以擾之，資生之策，何必盡仰縣官也。語有之，白刃當前，不顧流矢。南境潦患深矣，不有所棄，安有所存，必求百利無一害者而後行之，則非愚蒙所能及矣。』難者曰：『安鄉視公安尤窪下，固宜廢矣，獨公安有黃山者，跨兩省界三邑，其俗頗悍，不立縣，恐強梗益甚，劃隸石首，則中隔廢區，且東、西兩岡，東有東河，不可隸石首，西有軍、紀諸湖，不可隸松滋，似未宜遽廢公安也。』解之曰：『公安卽不可廢，其舊制可廢也。聞其邑有孟家溪者，地處高阜，可移治焉，控制黃山甚近也。若以安鄉之南連洞庭者，廢爲瀦澤，西連澧州者，劃隸澧州，而以其北連公安者，自茶窖至黃山，凡三十里，悉隸公安，合東、西兩岡共爲一縣，此則形勢聯絡，賢於舊治之與猿獺爲鄰者。』難者曰：『公安、安鄉故有驛傳，若江水大至，道路不通，將廢驛傳，非計之便者。』解之曰：『徵諸公安邑乘，每歲春、冬置驛公安，夏、秋置驛松滋，避水潦也。松滋可任其半，獨不可任其全乎，改而隸之，遠近相等，挐蓄尤宜，安鄉驛卽可移置澧州，皆計之至便者也。』難者曰：『波濤出沒，津渚週迴，曠無居民，蘆葦叢生，斯盜賊之藪也，又不設縣，無官吏以督之，能無萑苻之警乎。』解之曰：『江湖藪澤，所在有之，盜賊常不絕也，覘政事之嚴與惰耳。令長精彊，則威行旁邑，桀黠聞而斂迹。不然，則日莅其境，而盜賊之横者自若也。若江流而注南，水勢有歸，徐按其津途，扼要處移置水師營弁，以資鎭壓，或遣丞倅歲一巡緝旁邑，復時時近加督察，則奸宄無所容矣。』難者曰：『子恃洞庭爲尾閭，然今之洞庭，非昔之洞庭矣，湖心漸淤，濱湖之田，皆築爲隄，夏、秋盛漲，湖闊不過三、四百里耳。若江水大至，湖不能容，濱湖之田敗矣，將奈何。』解之曰：『昔之江水入湖多而湖轉深，今之江水入湖少而湖反淺者，其故可知矣。江之水急而強，湖之水漫而弱，江入多則能蕩泥沙，江入少則積成淤滯，湖隄又從而奪之，湖之淺且隘，不亦宜乎。今若便江水入多，則借江疏湖，借湖納江，兩利之道也。且濱湖私隄，本爲例禁，卽不決去，亦未見其歲免潦患也。』難者曰：『江自龍洲而下，其趨沙市也，勢猶曲，其入虎渡也，勢甚徑，喧豗洶涌，驟難容納，往往至於横溢，卽欲分江南注，曷不治之於其上游。』解之曰：『濬虎渡者，因其已分之迹而導之也。今上游南口皆已閉遏，故未遑兼及，若能議此，洵良策也。聞松滋有陶家阜者，古采穴口也，倘鑿爲川渠，使江水自此經公安孫黃河入港口，合南諸水達洞庭，則殺上游霆奔箭激之勢，使虎渡得從容翕張，而北岸萬城大隄，亦不至爲怒濤所排笮，其固將與磐石等，濬虎渡而並復采穴，此亦輔車之事也。』難者曰：『是皆然矣，南岸石首尚有調絃口，亦引江入湖者，子專言虎渡而略調絃，何也。』解之曰：『專言虎渡者，先其急者耳，虎渡北與荆州郡城遙相對，能分江南注，則荆州郡城安矣，郡城安而北岸各邑皆安矣。譬之人身，虎渡吭也，調絃腹也，先吭而後腹，固其理也。虎渡濬，自當次濬調絃，豈惟調絃哉，公安之斗湖隄、涂家港，石首之楊林穴皆係舊口，河勢猶存，皆可開鑿引水入湖，俟其成效既見，北岸安堵，十餘年後民氣全復，經費有所取辦，復於北岸獐捕、郝穴、龐公渡等口，或訪求故道，或別鑿新河，分引江水入長湖、白鷺湖、洪湖，由新隄青灘沌口下注於江，南、北並治，勢無不可。顧今力有未逮耳。惟當先遣通知水利者，自虎渡東至洞庭，探測水道紆直，河勢分合，地形高下，道里遠近，浚治工費多少，通計南、北兩省大利大害，搏采衆議，洞然知其利多害少，然後斷而行之，自虎渡始，餘俟財力有餘，次第及之，未晚也。」

又導江續議上篇曰：「歲戊申六月，南郡江漲驟至，南岸則公安隄決涂家港，石首隄繼之，北岸則監利隄決辞家潭，最後南隄松滋隄決高家套，四邑者漂廬舍人民不勝計。客有問於螺洲子曰：『子前言殆驗矣，今將若之何。』螺洲子曰：『曩固有之，南決則留南，北決則留北，並決則並留，若以人力開鑿之役鉅而怨重，孰敢任厥咎者，今幸天爲開其塗，地爲闢其徑，因任自然，而可以殺江怒，紓江患，策無便於此者矣。吾聞鳳凰乘乎風，聖人乘乎時，夫乘時者，猶救火追亡人也，蹶而趨之，惟恐弗及，此機不可失也已。』客曰：『今南、北二岸大決者四，小決者數十，將盡留之乎，抑有先且急焉者乎。』螺洲子曰：『以愚論之，在南則高家套、涂家港決口宜勿塞，在北則辞家潭決口宜勿塞，此三者相距各百餘里，遠近略準，皆水所必爭之地，所謂杜曲搗毀之勢，兵法有之，堅其堅者，瑕其瑕者，謹避之，勿與爭，勿塞爲便，塞則必敗。若留此三決口，而南縱之入洞庭，北縱之入洪湖，始有所分，繼有所宿，終有所往，一郡之中千里經流，自此安矣。其小小決口，可塞者塞之，其瀕江各隄，存之如故，歲省營繕捍禦之費，而又無一旦漂沒之害，於以興利則不足，於以救敗則有餘。』客曰：『是皆然矣，今之洞庭，非昔之洞庭也。闊不及向者之半，洪湖雖闊實淺，大江經流數千里，其底多積沙，歲歲增高，江入海處，皆沙壅爲洲，尾閭甚滯，赴下不及。以目前論之，南、北並決水入洞庭、洪湖，仍不能容，倘溢出平地數千里間，滈汗混茫者，盡田廬也，能納而不能洩，烏睹所謂救敗者，目擊淪胥之不捍遏，仁者豈宜出此，然則留口之不如修防也明矣。』螺洲子曰：『夫以洞庭、洪湖之巨，長江經流之遠，海滄之大且深，而不能容水，則隄又惡能容水乎哉。且今之數千里滈汗混茫者，驟決使然也，相持既久，所積愈多，故一怒而肆滔天之虐耳。果留決口，則自冬歷春歷夏、秋，隨漲隨洩，漲卽大至，萬萬無蓄威狂噬之勢也。客以修防爲仁，豈徒不得謂之仁哉，又不得謂之智。夫不量隄之能敵水與否，而敝敝焉括財賦，事版築，此以田廬人民僥倖者也，必以田廬人民予水者也。不量力之能存隄與否，而貿貿焉補苴罅漏，此以隄僥倖者也，必以隄與水者也。悲夫，愚氓何知，謂隄成則吾屬有託矣，築室廬於其中，列市廛於其中，墾田藝植於其中，幸而無敗，租稅、衣食、嫁娶、喪葬、禱祀而外，益以繕隄捍隄之費，耕作所入，無贏焉，不幸則蕩田廬，湛家族，今歲隄決，來歲復築，築與決如循環之無端，吏民猶以爲得計，不自知其蹈危穽也，躡禍機也，不自知其狎波臥淵，枕蛟龍而席長鯨也。若預定留口，明示以趨避之路，民見可居者始居，可耕者始耕，自不至寄命於不可測之淵，而又蠲去歲歲繕隄捍隄之費，其與設罟獲以罔民者，孰仁且智。留口則必免租，其春麥之入一也，所損僅秋成，然無納稅治隄諸費，亦足以相當，況瀕口內外，獨有填淤之望哉，故曰救敗有餘也。』客曰：

『因其決也而不治，此與坐視無策同，奚以止藉藉之怨咨。』螺洲子曰：『誠能留口，則江分矣，然後可用吾導之之說，行視決口以內至淤湖，不能成道者，就而浚之，必使深暢，凡其旁溢傷敗處，量除糧額，多留水地，徐增遙隄，翼水入湖，由湖下達如江，水有所分，則其忿息，有所宿，則其悍平，有所往，則其行疾，自玆以還，江患必減什之六、七，此不可失之機也。知棄之爲取者，斯善於取者矣。』客曰：『善。』是歲也，沮於衆論，留口之策迄不行。」

又導江續議下篇曰：「越己酉歲，楚自正月雨五日不止，江驟漲，南岸松滋、高家套及北岸監利中車灣隄皆決，漂廬舍人民，視戊申歲倍之，客復有言於螺洲子者曰：『甚哉江之爲患烈也。』螺洲子曰：『非江則害，隄實害之，隄利盡矣，而害乃烈。』客曰：『稻人何言以防止水，匠人何言防必因地勢，八蜡何以有防與水庸之祭？』螺洲子曰：『田間溝洫之水，宜用防，瀦水之澤，宜用鄣，謹洩蓄，備旱潦而已。江河大川，三代時無用防者。故周太子晉曰：「古之長民者不防川，昔共工壅防百川，墮高堙卑，以害天下，有崈伯鯀稱遂共工之過。」召穆公曰：「川壅而潰，傷人必多，是故爲川者決之使導。」子產曰：「不如小決使導。」賈讓亦曰：「大川無防，小水得入，治土而防其川，猶止兒啼而塞其口。」此皆不防川之明驗也。』客曰：『今將如何。』螺洲子曰：『嚮者言之矣，因江之自分，吾乃從而導之而已矣。夫天地成而聚高於上，歸物於下，州者氣之導也，澤者水之鍾也，導其氣而鍾其美，然後水、土演而財用可足也，然後民生有所養，而死有所葬也。昔者禹之治水，高高下下，疏川導滯，鍾水豐物，故天無伏陰，地無散陽，水無沈氣。今不師神禹之智，而循共工、伯鯀之過，起隄防以自救，排水澤而居之，自取湛溺，又不悔禍，築塞如故，民死於隄，乃曰江實害之，嗟乎，豈不誖哉。誠能曠然遠覽，勿塞決口，順其勢而導之，上合天心，遠遵古聖之法，使水、土各遂其性而不相奸，必有成功，而用財力亦寡。不然，禍未艾。』客曰：『子曩言留三決口，今又舍公安不言，何漫無定見也，且何不盡求古穴而復之乎。』螺洲子曰：『今但因江所自分者，從而順導之，賢乎人力開鑿者遠矣。凡穴口故道，大半湮沒，元大德時，曾訪得其六，復之，果有效，今仍湮矣。然大抵江所攻突決裂處，率近古穴口，因其分而導之，奚必規規成迹。漢時韓牧論治河，不能爲九，但爲四、五，宜有益，即此意也。善乎管夷吾之論水性也，曰杜曲則擣毀，杜曲激則躍，躍則倚，倚則環，環則中，中則涵，涵則塞，塞則移，移則控，控則水妄行，水妄行則傷人，凡今之水妄行者，皆扼其曲故也，此無異犯虎口而摩鯨牙也。如吾之說，但視江所欲居者，稍自成用，跳出沙土，然後因其分而導之，高其高者，下其下者，順從其性，水道自利，宜無巨害。必欲繕完故隄，增卑培薄，勞費無已，數逢其害，則吾不知所終窮矣。』客曰：『築與留等之救患，若隄不敗，利當百倍，何獨堅持留口之議。』螺洲子曰：『以遷徙之費，與繕治捍禦之費較，什不敵一也，以沮洳之苦，與覆宗湛族之苦較，百不敵一也。且留口者特棄水以予水，非盡棄地以予水也。即令棄地，視彼之舉人民而棄以予水者，不猶愈乎。今隄決之後，穴黎與浮食無產業民，同仰賑恤於縣官，因而率之以浚川導流，費不糜而功可就，洒兩便，此功一就，江安患弭，人有定居，塡淤加肥，租賦尚可徐復，雖云救敗之下計，實乃通變之中策也。』客曰：『唯唯，請以俟當世在位之吉凶與民同患而能斷大事者。』」

按以上各篇世稱爲導江三議，過於荊江之疏治頗爲透闢。（見荊州府萬城大隄志）

第六節　清張漢論疏通江漢

清侍御張漢請疏通江漢水利疏曰：「臣聞楚省交於江、漢，荆郢實當首衝，宅壤最爲窪下，計沿河大隄，南岸自松滋六百餘里，北岸自當陽七百餘里，漢隄、江隄，共計幾三千里，俱係民築民修，其間最險，若沙洋、若萬城，難以枚舉，而修築弊端亦難言盡。又修築不堅，水發卽潰，屢潰屢修，民力幾何，此則人民受累之源也。計楚水大者，曰江、曰漢、曰洞庭，三者緩急相濟，迭爲利用者也。查大江發源岷山，出三峽，下彝陵州，約寬十有餘里。洞庭居大江之南，方八百里，容水無限，湖水倘增一寸，不覺其大，江水卽可減四、五尺。昔人於江上流采穴口下流虎渡口、楊林市、宋穴、調絃等口，各殺江流，導入洞庭，而復達於江，故水勢寬緩而無患也。今僅存虎渡一口，江水一發，陡高數丈，無路分瀉，田廬卽爲巨浸，此江水爲害之源也。漢水自嶓冢導漾東流而下襄陽，自安陸府以上，河寬十有餘里，安陸府以下，至寬不足一里，再下漢口，其窄益甚，船每截流而渡，江高漢弱，阻遏逆行，潛、沔諸邑，於是數受其災矣。查漢水上流，有操家口，相傳羊祜運糧舊河，隄形尚存，其水東流，過天門縣，入三臺、大松等湖。其湖居天門之東，雲夢之西，漢川之北，應城之南，支分潰口，派出五通，傳爲漢水故道，衆水通流。今舊口、操家口盡淤，無所歸注，此漢水爲害之源也。雍正二年鍾祥縣隄潰，如雷汎發，西城不浸者三版，民無可避，田廬蕩然，居民云：『此隄無十年不潰，計鍾祥一邑，今已九潰矣，他如京山、潛江、天門諸邑，地處下流，隄若陡潰，則如頂灌足耳。昔年潛、沔士民，具呈申訴，請以築隄之夫供疏河之役，官不允行，民無如何。爲今之計，欲平江、漢之水，必以疏通諸河之口爲急務矣。』查江水支流，其下流當先疏者，五通口、調絃口，遡口而上之，當疏宋穴、楊林市與調絃合流，又遡而上，當疏采穴，與虎渡合流，再疏北岸之便河郝穴，令江水從長湖、了角廟合注，則黃潭隄不築而自固。又復龐公渡，則監城可以無虞矣。疏新隄之口，與新潭之淤，則江、漢之水，於是互爲取濟矣。漢水支流，則疏舊口操家口，而沙洋之一包三險可以無憂，再疏小里潭、竹筒河，與天門縣獅子等河，而低窪諸邑乃可安堵，而無其魚之患。疏河所以爲急務也。若夫築隄必取土於內地，內地日低，故河日高，河日高，則水勢益險，患日深，是以江、漢不疏，終非底定之本，積淤不濬，終失利道之宜，此則楚民隱憂也。夫三楚富饒，夙甲於天下，諺云：『湖廣熟，天下足。』一歲兩稔，吳、越亦資之。今或稍逢水旱，即倉皇無策，致居民不免於貧困，雖不得盡委之河隄之累，然逐年估計，既苦每年派費之繁多，潰決無時，又慮身家之莫保，豈非河隄之爲累乎。昔年湖南巡撫陳詵洞察楚爲澤國，阨於江、漢，甫任即調絃口親詣踏勘，江則欲導之使南，漢則欲導之使北，頗爲利濟之宜，旋內陞去任，未及施行，臣夙有所聞，此其大略也。臣思古者江、淮、河、漢，水由地中，然後人居平土，其實治水，行其所無事也。後世詳於治淮、河，略於治江、漢，故江、漢時有汎濫之虞，不知楚有洞庭，較淮、河洩水爲便，疏河口，亦行其所無事也。』（見荊州府萬城大隄志）

第五章　論壩埽 閘附

第一節　論隄壩之異

清張之洞曰：「按隄與堤異，隄古謂之防，防旁也，傍水築隄，使不潰溢也。周禮以防止水，必因地勢是也。堤古謂之湮，湮塞使不流也。尙書所謂湮洪水，史記所謂塹山湮谷，漢書所謂當水衝，與水爭地，排水澤而居也。淮、黃、運河諸堤，其蓄淸闌黃者當以牐論，或以減漲，或以滾水，皆係順築，不聞橫截各省居民偶遇河決，若有築橫以自衞者，則旁村必悉衆致死力以爭之。夫曲防且不可，況橫堤哉。」（見湖北通志）

第二節　宋楊廉之論埽

楊廉新埽記曰：「治水猶用兵，以正合，以奇勝，而後可以盡用兵之術。正以爲之隄，奇以爲之埽，而後可以盡水之術。周禮曰：『善溝者水漱之，善防者水淫之。』鄭氏謂：『淫乃水淤泥土，助之爲厚。』此其後世之所謂埽乎。」（見江西通志）

第三節　清黃與堅之論牐

黃與堅曰：「太湖諸水，從蘇、松以入海，松之吳淞江，蘇之劉家河，入海要道也。其患在潮與汐逆而上，淀積渾沙，日以淤塞，幾十年間必其浚之，而興大工，役大衆，不可以數舉。於是當事者，與其士大夫思諸口受噎之處，如何而後可以引清水，捍濁水，蓄洩之宜，如何而旱可以瀦水，澇可以瀉水，使歲歲無大恐，則牐是問。古之治水者，浚河置牐，當先後行之。然有行之無甚效，因其不效而寖廢者，以置乎內不置乎外也。牐以拒濁水之至，若置於內，而水道紆且折，其來急，其去緩。一日之間，潮將下而汐又至，是清水無出口蕩滌之時，而沙土之停留於內者日有其再，此致塞之由也。宋三十六浦牐，至政和中，慶安、福山僅存其二。范仲淹、葉清臣開茜涇等浦皆置牐，不久頹壞。至明時多設堰牐，皆屬內地為虛設，自古以來，數數然不能盡其道，卒無功以致廢」。按牐即為閘，牐閘聲轉，名異而實同也。（見江南通志）

第四節　清彭玉麟論樊口之宜建閘

光緒二年彭玉麟奏曰：「臣於二十三日抵武昌、黃岡兩縣所屬之樊口，雇小划入樊口三十里餘，即築隄毀隄興訟之處。該隄雖毀，形迹猶存，橫寬不過十丈，直寬六十丈，由此再進，則名九十里長港，屬黃岡縣者六十里，屬武昌縣者三十里。此港九十里内港、汊分歧，旁通各湖，如蔓繫瓜。其右有洋湖、漁湖、月山湖、涇頭湖、鴨兒湖、江夏湖、鮓魚湖等，共十二處。其左有根洲湖、夏新湖、三山湖、保安湖等，共六處。每年江水盛漲，由樊口入港右則薛家溝、東港、沈家溝等處，灌滿各湖。九十里長港盡頭處曰磨刀磯、過磯，始入梁子湖。湖心有山有市鎮，此湖於江水灌時周環不過三百餘里，而東、西、南、北所通俗稱九十九汊，東通武昌、黃岡所屬之長港，即樊口港也。西通咸寧、興國所屬各港。南通大冶、武昌所屬各汊。而總匯出入之路，則實在樊口，舍此無路消瀉。每年江水灌入各湖港、汊不分，一片汪洋，濱湖各田，無不變爲澤國，周環七、八百里，小民流離轉徙，慘不忍言，此樊口以内之湖、河、港、汊，江水浸灌之實在情形也。查梁子湖各港、汊兩岸皆平疇沃野，農民賴以安業，欲求濱湖田地之不被水淹，全賴樊口地方之建築閘壩，此事利害甚鉅，是非甚顯，關係甚重。」（見湖北通志）

第六章　論圍墾

第一節　宋荊南留屯之開墾湖渚

湖廣通志云：「江發岷山，抵巴東，入荊襄，流至岳陽，與洞庭水合，其受決害者，惟荊州一郡爲甚。漢發嶓冢，抵上津，入鄖地，流至漢陽與大江水合，其受決害者，鄖、襄、安、漢四郡，而襄、安爲尤甚。九江是沅、漸、元、辰、敍、酉、澧、資、湘諸水合流，入洞庭湖，沿匯八百里，經岳陽樓西南，出湖口與江流合，其決害者，常武、岳陽二郡也。三水總會於武昌，其江身始闊，直注而東，以故武昌、蘄、黃之境無大水害，大較隄防多在襄、安、常、武、荊、岳間，蓋古七澤，正其地也。漢、唐以來代苦水患，至宋爲荊南留屯之計，多將湖渚開墾田畝，復沿江築隄以禦水，故七澤受水之地漸湮，三江流水之道漸狹而溢，其所築之隄防，亦漸潰塌。明嘉靖庚申歲三江水汛異常，沿江諸郡縣，蕩沒殆盡。」元林元重開古穴碑記論留屯之害，尤爲詳盡，其言曰：「江陵、荊一大都，西巫峽，東洞庭，北漢、沔，南鼎、澧，由江陵而下皆水鄉。按郡國志，古有九穴十三口，沿江之南北，以導荊水之流，夏、秋泛溢，分殺水怒，民賴以安。宋以江南之力，抗中原之師，荊湖之費日廣，兵食常苦不足，於是有興事功者出而畫荊留屯之策，保民田而入官，策江隄以防水，塞南、北諸古穴，陰寓囿圍之術，射小利，害大謀，急近功，遺遠患，當時善之。畚鍤既興，工以萬計，屯田之人，不足供中役，則取之民，二邑之民不足，則取之他邑，甚而他郡皆徵焉。集夫之名，歲以冬十月迄春三月築隄，夏五月迄秋八月防水，終歲勤勤，良農廢業，歸附以來，其取幾何，縱令捍禦有備無虞，官入之數，償民出之什一，堂堂大朝，梯航効貢，豈與此水爭咫尺之利哉。今之故址，或摧而江，或決而淵，或瀦而湖，七十年間土水之功，皆生民之膏血，始作俑者，其白丹之徒歟。」（見荆州府萬城大隄志）

第二節　論湖河灘地之侵佔

乾隆十三年湖北巡撫彭樹葵奏曰：「查荆、襄一帶，江湖袤延千有餘里，一遇異漲，必藉餘地，以資容納。考之宋孟洪知江陵時，曾修三海八櫃，以設險而瀦水。後豪右據以爲田，汪、葉力復之。又荆州舊有九穴十三口，以疏江流會漢水。是昔之策水利者，大都不越以地予水之說也。自滄桑變易，故迹久湮，現在大江南岸止有虎渡、調絃、黃金等口，分疏江水，南入洞庭，當汛漲時，稍殺其勢。至漢水由大澤口分派入荆，夏、秋汛漲，又上承荆門、當陽諸山之水，匯入長湖，下達潛、監，瀰漫無際。所恃以爲蓄洩者，譬諸一人之身，江邑之長湖、桑湖、紅馬、白鷺等湖，胸膈也。潛、監、沔陽諸湖，下達沌口，尾閭也。其間縈洄盤折之支河、港、汊，則四肢血脈也。胸膈欲其寬，尾閭欲其通，四肢欲其周流無滯。無如三襄之水性濁多沙，最易淤積，有力者因之趨利如鶩，始則於岸腳湖心多方截流以成淤，繼則借水糧魚課，四圍築隄以成垸。在小民計圖謀生，惟恐不廣，而不知人與水爭地爲利，水必與人爭地爲殃，川壅而潰，蓋有由矣。今欲復三海八櫃之舊勢誠不能，亦祇杜其將來，而不使垸之增多。則當先查其現有，而確知垸之定數，聽其安業。此外永不許私增即一垸之內亦不得再爲擴充。至此後遇有淤灘，原係民間納糧之地，或種麥、豆，或取柴草，均聽自便，但不得另築垸圈，以妨水路。」（見續行水金鑑）

第三節　嚴禁江面之侵佔

清乾隆五十三年諭曰：「荆州東北江中窖金洲侵佔江面，漲沙逼溜，該處官員兵民人等言者，衆口一詞，且言之不自今日始。而該處蕭姓民人，又復契買洲地種植蘆葦，貪得利息，逐漸培植，致蘆葦環洲而生，江水不能刷動。督撫等所司何事，置若罔聞，致釀成大災，淹斃多命，此而不嚴行辦理，何以示懲戒，而慰輿情。」按侵佔方面，及圍墾湖田，前清以懸爲厲禁。民國初元，因欲增多稅收，有沙地墾放局或湖田清理處之設立，江湖灘地，任人圍墾報領給照升科，雖地稅有增，而江湖之容量日狹，水患日增，所謂得不償失也。（見續行水金鑑）

第五篇　最近之設施與計議

最近水利事業，較前精進，必先施以測量，俾得精密之成果，而後確定計劃。故欲悉各地水位之高低，雨量之多寡，有水位及雨量站之設立以測驗而記載之。近年以來，籌設略遍，其應行改革興辦之事，無論治本治標，均有擬議。惟限於經費致一時未復實現。茲篇所述對於最近設施及擬議各項，擇要臚舉，最後附以作者意見，爲整治水利之商榷焉。

第一章　設施

第一節　水位報告站之設置

揚子江上下游及各支流之水位報告，對於防災捍患，甚有關係，欲求報告迅速，自非利用電信傳達，電臺廣播不可。尤在伏汛時期，下游各埠可迅速接得上游水位報告，藉以推測下游漲落之趨勢，及兩岸隄防之獲安全與否，俾得有所準備。民國二十二年春，利用揚子江流域各地電報局及無線電臺，免費遞發水位報告，沿江及各支流海關所管轄之各水尺站，亦將逐日紀錄，電遞到京，即日彙送中央廣播電臺播達，辦理以來，頗有利益。茲將揚子江流域各水位報告站，列表如左，並以太湖流域各站附焉。

揚子江流域各水位報告站表

站名	省別	流域
一、重慶	四川	揚子江
二、萬縣	同上	同上
三、宜昌	湖北	同上
四、沙市	同上	同上
五、岳州	湖南	同上
六、漢口	湖北	同上
七、九江	江西	同上
八、安慶	安徽	同上
九、蕪湖	同上	同上
一〇、南京	江蘇	同上
一一、鎮江	同上	同上
一二、長沙	湖南	洞庭湖
一三、湘陰	同上	同上
一四、益陽	同上	同上
一五、沅江	同上	同上
一六、常德	同上	同上
一七、安鄉	同上	同上
一八、津市	同上	同上
一九、襄陽	湖北	漢水
二〇、鍾祥	同上	同上
二一、岳口	同上	同上

附太湖流域各水位站表

站名	省別	備考
夾浦口	浙江	
長興	同上	
小溪	同上	
餘杭	同上	
德清	同上	
吳興	同上	
大錢口	同上	
舊館	同上	
杭州	同上	
崇德	同上	
嘉興	同上	
震澤	江蘇	
平望	同上	
北呎	同上	

站名	省別	備考
周莊	江蘇	
吳江	同上	
周巷	同上	
黃渡	同上	
青浦	同上	
木瀆	同上	
蘇州	同上	
唯亭	同上	
太倉	同上	
瀏河	同上	
滸墅關	同上	
望亭	同上	
南橋	同上	
常熟	同上	

直塘	江蘇	
浮橋	同上	
白茆口	同上	
無錫	同上	
東壩	同上	
大浦口	同上	
宜興	同上	
豐義	同上	
和橋	同上	
百瀆口	同上	
金壇	同上	
青暘	同上	
江陰	同上	
丹陽	同上	
奔牛	江蘇	
溧陽	同上	
北新涇	同上	
福山	同上	
支塘	同上	
武進	同上	
蘆墟	同上	
金山	同上	
奉賢	同上	
小河	同上	左列各站係增設水文站
臨安	浙江	
橫畈	同上	
雙溪	同上	
小梅	同上	

（根據揚子江水利委員會最近文卷。）

第二節　湘鄂湖江水文站之設立

查荊江與洞庭湖之關係，在昔江水大可瀦於湖，湖水漲，可瀉於江，互爲宣洩，即互相利賴。詎近數百年來，荊江四口之水，挾帶泥沙以入湖，湖底墊高，容量減少。湘、資、沅、澧諸水入湖之路漸塞，水流不暢，水系因以紊亂，其害遂及於全湘，此湖之病由於江者。又因湖不容水，水少停蓄之地，沙無澄清之機，致城陵磯以西，沙洲迭增，水大則橫決爲患，水小則舟楫難通，此江之病由於湖者。湖江互爲因果，昔之交相利者，已一變而交相害矣。故於民國十九年，設立湘、鄂、湖江水文站，先爲精密之勘測，以求施兩利之工作，茲將各測站列表如左：

湘、鄂、湖江各測站表

測站	水系地點	成立日期	標準零點	附註
松滋	虎渡河松滋	二十二年八月十九日	本站零點	兼測溫度蒸發量及雨量
太平口	太平河太平口	二十二年五月一日	同右	同右
藕池口	安鄉河藕池口	二十二年五月三日	同右	同右
藕池口	藕池河藕池口	二十二年五月三日	同右	同右
調弦	華容河調弦	二十二年六月二十一日	同右	同右

岳陽	洞庭湖湖口	城陵磯	二十二年四月十日	本站零點	兼測溫度蒸發量及雨量
汨羅	汨羅江	河夾塘	二十二年三月三十日	同右	
湘陰	湘江	扁擔夾	二十二年三月十九日	海關水尺零點	兼測溫度蒸發量及雨量
濠河口	湘江	濠河口	二十二年三月二十一日	本站零點	
臨澬口	澬江	臨澬口	二十二年三月二十五日	同右	
益陽	澬江	清水潭	二十二年三月二十六日	同右	兼測溫度蒸發量及雨量
常德	沅江	德山	二十二年三月二十七日	海關水尺零點	同右
澧縣	澧江	喬家河	二十二年四月一日	本站零點	同右

（根據內政部湘鄂湖江水文總站二十二年測驗報告。）

第三節　雨量站之設立

雨量有水量極大關係，揚子江流域，地處溫帶，雨量本屬豐富，加以黃霉秋霖之際，雨量尤多。故在此時間，規定爲汛期，雖下流雨量較少而上游及支流雨量如多，則下游之水位必增高。設或上下游及支流，同時雨量增多，則宣洩不及，必致釀成水患。故應確悉各地雨量之多寡，以推測江流水位之高低，俾可設法預防，是雨量站之設立，甚屬重要也。近年來直接設置，或委託各縣政府辦理，按時記載，得有統系之報告，玆將各地站名，列表如后，並將蒸發量站名表附焉：

揚子江流域雨量站表

站名	省別	備考
打箭爐	西康	左列各站係本會舊設雨量站委託各地天主教堂辦理
敘府	四川	
成都	同上	
寧遠	同上	
興安	陝西	
貴陽	貴州	
忠縣	四川	左列各站係增設雨量站委託各地縣政府辦理已經成立者
萬縣	同上	
瀘縣	同上	
城固	陝西	
邵陽	湖南	
芷江	同上	
益陽	同上	

站名	省別	備考
郴縣	湖南	左列各站係增設雨量站委託各地縣政府辦理已經成立者
衡陽	同上	
湘陰	同上	
零陵	同上	
黃岡	湖北	
恩施	同上	
南昌	江西	
贛縣	同上	
萍鄉	同上	
吉安	同上	
南城	同上	
永修	同上	
牯嶺	同上	

南京	江蘇	設在本會會所內
巴安	西康	左列各站係增設雨量站現尚未成立
德格	同上	
會理	四川	
簡陽	同上	
平武（龍安）	同上	
彰明	同上	
劍閣	同上	
廣元	同上	
閬中（保寧）	同上	
巴中	同上	
達縣（綏定）	同上	
奉節（夔州）	四川	
麗江	雲南	
永寧	同上	
永順	湖南	
澧縣	湖南	
龍南	江西	
安慶	安徽	
重慶	同上	主要雨量站
漢口	同上	
長興	浙江	左列各站屬於太湖流域
餘杭	同上	
德清	同上	
吳興	同上	
杭州	同上	
崇德	同上	
嘉興	同上	
梅溪	同上	
孝豐	同上	
黃湖	同上	
海鹽	同上	

震澤	江蘇	
吳淞	同上	
川沙	同上	
崇明	同上	
崑山	同上	
龐山場	同上	
洞庭東山	同上	
洞庭西山	同上	
吳江	同上	
青浦	同上	
蘇州	同上	
太倉	同上	
常熟	同上	
浮橋	同上	
無錫	江蘇	
宜興	同上	
百瀆口	同上	
金壇	同上	
江陰	同上	
丹陽	同上	
溧陽	同上	
武進	同上	
南匯	同上	左列各站係增設水文站
小河	同上	
東壩	同上	
荷花塘	浙江	
平湖	同上	

附蒸發量站名表

站名	省別	站名	省別
長興	浙江	江陰	江蘇
德清	同上	金山	同上
崇德	同上	宜興	同上
孝豐	同上	金壇	同上
吳江	江蘇	常熟	同上
蘇州	同上	青浦	同上

（根據揚子江水利委員會最近文卷。）

第四節　防汛會議之組織

揚子江汛期，每年約在六、七、八、九各月，民國二十二年因漢口各地水位高漲，鑒於二十年洪水之巨，被害之烈，懲前毖後，由揚子江水道整理委員會召集湘、鄂、贛、皖、蘇五省政府，全國經濟委員會，南京市政府及中外水利專家，先在南京組織防汛委員會，後移設會所於九江，另設駐京辦事處，分區負責防護及搶險事宜，時經數月，得慶安瀾。

二十四年五月間，復在南京，由揚子江水利委員會召集湘、鄂、贛、皖、蘇五省政府，及南京市政府、江漢工程局開會討論，並請全國經濟委員會派員指導，決議防汛辦法大綱十一條，劃分中央與地方之界限，以資遵行而專責成云。附錄防汛辦法大綱於后：

揚子江防汛辦法大綱

（一）揚子江水利委員會爲預防揚子江汎濫消弭水患起見，聯合湘、鄂、贛、皖、蘇五省政府、南京市政府及江漢工程局商訂防汛辦法，共資遵行。

（二）揚子江流域內以湘、鄂、贛、皖、蘇五省及南京市轄境內幹隄，與各支流下游受江水倒灌區域內之隄堰，定爲防汛範圍。

（三）沿江各省區犬牙相錯，甲省疏防，或災及乙省。故在防汛期內，須互相援應，不得推諉。

（四）防汛事務應完全由各省主持辦理，每年汛期開始時，市政府應派工務局長爲防汛專員，各省政府應就有隄防各縣，委派各縣縣長爲防汛專員，建設廳長或主管水利機關隨時監督之，並須就地妥派人員，常川巡視，以資防守。

（五）揚子江水利委員會在汛期內，遇必要時，應派遣工程人員分赴各省市勘察汛情及隄狀，並隨時會同各專員盡監督指導之責。

（六）沿江隄頂應有高度，除有特別情形外，應依照前國民政府救濟水災委員會所規定之修築標準爲定。（卽高出於二十年最高水位一公尺）茲分列各處隄頂高度如左：

沙市	二一・六四
岳州	一六・五四
漢口	一七・三五
九江	一四・八七
安慶	一四・二〇
蕪湖	一〇・五四
南京	八・六二
鎮江	七・三〇

（以上所列高度，爲高出於各地海關水尺零點之數，以公尺計，下均同。）

（七）前條所列各處隄頂高度，比較近五十年內各處平均高水位之中間線，定爲危險水位如左：

沙市	一〇・二八
岳州	一四・九三
漢口	一五・三〇

九江	一三·六一
安慶	一二·六四
蕪湖	九·一一
南京	七·二五
鎮江	六·三〇

（八）凡各處水位超越至前條危險水位時，隨時由中央協助辦理。

（九）每年第二季末各處水位超越下列各數時，即爲防汛開始時期，在第三季末，降至下列各數以下時，即爲防汛結束時期，列表如左：

沙市	七·五
岳州	一一·〇
漢口	一一·〇
九江	一〇·五
安慶	九·五
蕪湖	六·五

南京　　五·五

鎮江　　五·〇

（十）本辦法如有未盡事宜，得隨時呈請修正之。

（十一）本辦法自呈全國經濟委員會核准後施行。

（揚子江水利委員會二十四年五月防汛會議紀錄。）

第二章　擬議

第一節　淞漢間江道十一淤淺處之擬整理

吳淞江至漢口水程約一千一百三十公里，十五呎吃水之輪，全年約四、五個月不能通航。其淤淺之處，為崇文洲、太子磯、姚家洲、馬當、張家洲、江家洲、戴家洲、得勝洲、蘿蔔鴨蛋洲、胡廣沙及漢口沙洲等十一處。查此等洲灘之成因，每以江流至洲灘之處，江面展寬，流速銳減，所含泥沙，勢難隨流而去，因之下沈，日積月累，漸致淤淺。故整理之法，卽在低水位時，發現洲灘之處，束流歸一，使增流速而刷泥沙。然亦不能束之過甚，或江面束狹在高水位以上，因束狹過高，工費不貲，且易釀成水患。故其整治工程，應分楗工導壩、分水壩及低水位壩等建築，使盡導低水位時之水，歸納於規定水道也。

第二節　水電計劃之擬議

揚子江上游宜、渝段水道，在崇山峻嶺之中，坡度甚陡，又水為山挾，流急成湍，其蘊藏水力之富，著稱於世。民國二十一年秋，由國防設計委員會、建設委員會會同揚子江水道整理委員會組織水電測勘隊，費時約二月，勘得宜昌附近之葛洲壩及宜昌上游三十八公里之黃陵廟兩處，最宜於建築廠址及閘壩工程。查葛洲壩形勢天然，施工易而費用省，惟地基上層爲礫石，下層尚待鑽驗。黃陵廟爲峽間河牀地層爲花崗石，極合廠壩基礎，惟施工較難，建築費亦較昂，兩地各有優點，茲將兩地分期建築費列表於後，以資比較：

分期	葛洲壩計畫	黃陵廟計畫
第一期	三三、九七三、八〇〇	四〇、六二六、〇〇〇
第二期	二一、一五八、〇〇〇	二四、〇六八、九〇〇
第三期	二一、六一〇、〇〇〇	二五、〇六四、四〇〇

上項任一計畫，如得全部實現，則常年可發電三十萬瓩，每期可發電十萬瓩，用以發展電氣及化學工業，誠爲國防與民生之要圖，而亦揚子江大利之所在也。

（揚子江水道季刊第二卷第二期。）

第三節　揚子江根本治理之提議　傅汝霖提

理由

查揚子江江道之本身向未加以整治，所幸流量豐富，水落時亦能勉強通航。而江身寬大，通常洪水，下洩尙易，乃比年情變境遷，水災頻仍，民二十之災患距今四載，已有重演之勢。夫水道任其自然，河牀必生局部變遷，排洩情形，漸趨惡劣，沿江各處，沙灘棋布，人民並自由墾殖，江牀內支道分歧，低水位時，水淺而礙航行，洪水位時，水流阻於沙洲，以致水面提高，隄岸失效。若再不設法整治，將來揚子江之河牀，恐類於黃河。惟黃河因富於含沙量，其變化較爲顯而易見耳。查揚子江洪水位及中水位江牀之闊度，各段相差甚鉅，形似鋸齒。如斯之河牀，甚有礙於流水，故一遇洪潦，卽易成災也。

辦法

(一)先從統制江牀入手，使中水位之江牀固定。洪水時之江牀，應定以充分之闊度，故江牀內除供排洩洪水所用外之支道，應予堵塞。江道既入正軌，則水有歸宿，隄岸自無侵襲之虞。其整理方法，雖或局部不同，然河牀統一，隄岸規整，當視爲必要條件。故沿江各省市水利機關所施之護岸工程，均應以整個整理計畫之岸線，與江牀之導線爲標準。至治理工程，當在兩岸建築挑水壩等爲主體。(挑水壩工程在杭州附近錢塘江內已建多座，其效力均甚顯著。)惟壩工效力遲緩，在急要處所工程必須立卽生效者，當輔以疏浚工程，以速其效。故購置挖泥機，以輔助整理揚子江之用，亦屬必要之圖。

(二)兩岸幹隄之導線，應依照整個計畫而定之。各地方機關雖負防汛之責，而洪水隄之根本治理，應上下兼顧，並依照擬定之標準，嚴格遵守，不宜各自爲政。洪水隄之斷面及其高度，已另案提及之。

(三)各已成湖泊之容水量最低限度，應保持其現量。人民之任意圍墾，設置圩田，應製定法規，設法禁止之，必要時應犧牲少數人民之利益，以保全大衆之福利。在可能範圍內，並設法改善各湖泊，使其容量增加，以減下游之災患。

(四)使洪水位減低，應將沿江局部問題，加以嚴密之研究。如襄河之入江處，應否改入漢口以下，或僅使襄河之水，在中低水位時，由舊道入江，以利航運，而在高水位時，將其一部分之水，引入漢口以下入江，以減少洪水之量。因漢口、武昌間，江身驟縮，斷面特狹，放寬無法也。洞庭湖下注之水，往往壓住於此，爲圖救濟計，似宜另開引河，以減少漢口段之危險。此外如九江、安慶等處，應否局部設法減低其洪水位，均在研究之例。

以上所舉，乃係犖犖大者。其他如洪水隄之保護問題，水位報告問題，及在幹支各流上游建築蓄水庫問題，均應嚴密研究，以期完善，而應需要。依上所擬辦法，迅施工程後，江道自能漸達正軌。惟揚子江流域遼廣，上下游情狀迥異，必先定計畫之原則，以作整理之依據，決非短時期內所能全部辦到，亦非經濟能力所能許可。應按事實之緩急，分別擇要計畫而施行之。

第四節　整理揚子江幹隄之提議　傅汝霖提

理由

民國二十年水患，揚子江隄岸沖毀，漫溢於兩岸平地者，約數千平方公里，平地水深至數公尺，如兩岸有穩固可恃之隄防，不爲沖決，將此漫溢數千平方公里之水量，盡納之江流，則其水位之高，當遠超於該年在各地所有之紀錄無疑。故欲恃隄防而消弭揚子江之水患，其隄頂高度，不僅須超越二十年洪水位而已，尚須超越理想上之洪水高度方可。此理想上之洪水高度，卽根據該年之洪水量，不使漫溢盡納江流而推算得之。隄頂高度應高出是項理想上之洪水高度一公尺，方足以禦險。茲將二十年實際上之洪水位及理想上之洪水位，暨隄頂應有之高度，列如下表：

二十年洪水推算理想洪水位及隄頂應有之高度表

地點	民國二十年最高洪水位		民國二十年理想洪水位		根據理想洪水位隄頂應有之高度	
	英尺	公尺	英尺	公尺	英尺	公尺
沙市	三四·九		三四·九		三八·二	
城陵磯	五一·〇		五四·〇		五七·三	
漢口	五三·六		五七·〇		六〇·三	
九江	四五·四		四九·三		五二·六	

南京	二五·〇		二六·三		二九·六	
鎮江	二〇·七		二〇·七		二四·〇	
襄陽		一〇〇·九（甲）		一〇〇·九（甲）		一〇一·〇（甲）
鍾祥		九七·六（甲）		九八·五（甲）		九九·五（甲）
沙洋		四三·一（乙）		四五·〇（乙）		四六·〇（乙）
岳口		三七·四（乙）		四〇·一（乙）		四一·一（乙）

依據上項高度標準估計所需土方如下表：

地點	湖北境內揚子江隄	江西境內揚子江隄	安徽境內揚子江隄	江蘇境內揚子江隄
長度（公里）	一、二八〇	一一〇	五〇〇	二四〇
應加土方（以立方公尺計）	七〇、二 〇、〇〇〇	八、四六二、九六七	一四、九四〇、二九五	一一、五四五、八〇〇
價值單位（以元計）	〇·一五	〇·一五	〇·一五	〇·一五
總計	一〇、五四〇、五〇〇元	一、二六九、四四五元	二、二四一、〇四四元	一、七三一、八七〇元
總計一五、七八二、八五九元				

前表所示，僅為沿江兩岸幹隄。幹隄以內各支隄，及沿江各支流之隄身，均未計及。故為全流域之防汛計，尚須顧及者，為

（一）支流隄身之修築。

（二）沿江各城市、鄉、鎮等二十餘處隄岸之培修。

（三）險惡段坡面之護岸工程。

如沿江隄防，均按照前例修築，則工程浩大，所費頗巨，且非常洪水之來，或百年纔一見，以經濟原則而論，實亦不能成立。

今夏大水，沙市、九江等處水位，雖已與民國二十年相等，但幹隄尚未發生重大潰決情事，故其實際洪水程度，決不及二十年之甚也。

（沙市附近於達到最高水位之後，方有潰決情事，以後即水勢跌落。）

查漢口水位低於二十年而高於其他各年者，爲清同治九年之一五·四公尺，此可視爲尋常可有之最大洪水，依據此年水位及各段歷年不同之縱面坡降，而定其尋常可有之理想最高洪水位，是以隄頂之高度，應根據該項水位而定之，方合實際。玆規定沿江各埠之洪水位及隄頂高度如下表：

地點	尋常可有之最高洪水位（公尺）	規定之隄頂高度（公尺）	備註
沙市	一〇·六〇	一一·六〇	本地水尺零點以上之高度
岳州	一五·八四	一六·八四	

漢口	一六·四九	一七·四九
九江	一四·七四	一五·七四
蕪湖	九·四六	一〇·四六
南京	七·四九	八·四九
鎮江	六·三〇	七·三〇

規定之隄防標準剖面，其浸潤坡度為一比五，頂寬五公尺，外坡為一比三，在內坡築有六公尺寬之公路，公路上下坡面為一比二，在隄腳為一比五。現有隄防大都高度已足，而坡度不足者，故往往有裂痕、滲漏、崩挫之弊，根據以上規定之隄頂高度隄防剖面及已有之勘察紀錄，其應修地段及其約略估計如次：

省分	長度（公尺）	土方（公方）	單價（元）	估計（元）	附註
江蘇	二四〇、四八〇	四、八三八、八〇〇	〇·一五	七二五、八三〇	上列各數均屬約估，將來實施工程，尚須詳加測量。
安徽	四〇〇、七〇〇	三、三三四、一〇〇	〇·一五	五〇〇、一四〇	
江西	五五、〇〇〇	五、四七〇、〇〇〇	〇·一五	八二〇、五〇〇	
湖北	九四〇、〇〇〇	一五、六〇〇、〇〇〇	〇·一五	二、三四〇、〇〇〇	
總計四、三八六、四七〇元					

揚子江築隄防水，時人多有提出疑義者，其不能認為治本之唯一方法，固屬當然。但若無二十一年所修之幹

隄，則今年洪水，其泛濫與災害所及，恐十倍於今日。故在其他治本工程，尚未有確切辦法之前，修理隄岸，仍不失為應急之簡易辦法。且日後治本計劃完成，築隄工程，必仍為其中主要工程之一。故築隄雖屬目前之應急辦法，但亦可認為完成治本工程之初步工作也。

辦法

(一)擬於水勢稍落後，由揚子江水利委員會調派測量隊施測揚子江兩岸幹隄高度及橫斷面，以資規劃加高培厚。

(二)擬請指撥的款，於今冬依照上述標準，實施前項整理幹隄工程。

(三)俟測量完畢計劃確定後，擬請通知各省省政府轉飭各地方政府，徵集當地民伕，協助辦理，以資撙節。

第五節　修浚洞庭湖之提議　揚子江水利委員會提

理由

(一)查揚子江本為我國最完善之河流，洞庭、鄱陽諸湖，為天然之大蓄水庫，故黃河時以潰決聞，而揚子江向少水患，職是故也。近數十年來，缺於浚治，湘、澧諸水，挾泥沙以入湖，致湖底日高，加以民國二十年洪水為害，藕池缺口，而湖隄多潰。且人民狃於近利，就淤積之處，圈湖為田，湖面日窄，一遇霖潦，即不能容蓄江、漢之水，宣洩不暢，橫溢成災。又每至冬季雨水較少，而湖身乾涸，沙洲盡露，致不便航行。是修浚日緩，災害日深，此洞庭湖之亟應修浚一也。

（二）查民國二十年發生水災，曾由前國民政府救濟水災委員會，撥發湖南工賑貸款，用美麥二萬二千五百噸，約合價洋一百八十餘萬元，交湖南水災善後委員會貸放濱湖十一縣，專作洞庭湖與修水利之用，此款聞已陸續收回三分之二以上。夫興修洞庭湖既如此其急，而又有專款儲存，然事隔數載，應如何修浚湖隄，及興利防災之處，尙未統籌辦法，日延一日，殊違中央貸款本旨。此洞庭湖之急應修浚二也。

（三）本年夏季霉雨連旬，長江上游水漲，而湘、鄂、皖、贛亦同告泛濫。漢口既因漢水之奔騰，又加洞庭湖水之高漲，容蓄無望，宣洩又難，致水位幾達五十英尺。倘洞庭湖早加疏治，定可容受一部分之江流，近日天已放晴，災情不再致擴大。惟是夏汛雖過，秋汛將屆，未來之殷憂，正未有艾。此洞庭湖之急應修浚三也。

（四）查二十二年九月間，前揚子江水道整理委員會曾奉蔣委員長效牯機電令（原電附錄）以湘、鄂兩省水利，其癥結咸在洞庭一湖，若不從速整理，則二十年之空前水災，不難重見，兩省民生問題，亦未獲圓滿解決，令該前會主持岳陽至松滋與揚子江有關全部地形測量，及由岳陽起繞湖至松滋水準測量，幷由長、岳兩關附捐湘、鄂各半項下提撥款項，專供此項測量之費。乃案隔三年，尙未辦理，而今年湘、鄂水災，幾有突過二十年之勢，要爲測量遲延，計劃無從着手，效機牯電所示之癥結，竟未能抉而除之。此則洞庭湖之急應修浚四也。

辦法

（一）由全國經濟委員會呈請國民政府令飭湖南省政府，從速會商揚子江水利委員會，與修洞庭湖水利，以赴事功。

（二）由湖南省政府會同揚子江水利委員會，組織洞庭湖測量隊，實行施測，決定設計施工之計劃。

（三）由湖南省政府會同揚子江水利委員會，組織修浚洞庭湖工程處，自開工日起，擇重要工程，限期完成。

（按以上三提案在二十四年七月召開全國水利會議時分別提出）

附蔣委員長效機牯電

全國經濟委員會、揚子江水道整理委員會、長沙何主席、武昌張主席幷轉湖北隄工經費保管委員會同鑒：查洞庭湖因江水倒灌，日漸淤塞，以致蓄水面積逐年減少，最易泛濫爲災。武、漢因當其首衝，而湖南全省諸水，亦因湖體變遷，致易橫決。故湘、鄂兩省水利，其癥結咸在洞庭一湖，若不從速整理，則二十年之空前水災，不難重見，兩省民生問題，亦未獲圓滿解決。而着手整理之初步工作，卽爲地形與精確水準兩項之測量。茲擬上自松滋，下至岳陽，凡揚子江與洞庭湖相關之全部地形，約計二萬二千餘平方公里，爲求迅速及精確起見，應採用航空測量，連製圖在內，限一年半完成。水準測量，則擬從岳陽起，沿湖繞一大圈，而至松滋，計四百八十四公里，概行精測，限於十個月內完成。俾知江湖水位之關係，以定全部整理之標準。此項工作經費，估計約需十萬元，擬卽由長、岳兩關附捐湘、鄂各半項下每省提撥五萬元，專供此項測量之費，事關兩省共通之利害，自應共同負擔，以昭公允。凡地形水準之測量，尤應統交揚子江水道委員會主持，與各方合作辦理，限期舉行。查揚子江水道整委會歷辦沿江地形測量，製成上海至宜昌之精密水準，成績甚著，爲國內技術界所信仰，委以一手經辦，當能駕輕就熟，收事半功倍之效。且江湖變遷甚速，測量時期，尤必愈短愈佳，而統一辦理，於人材費用時間三者，亦必比較分別各辦更爲經濟而準確，現値水落江低，實爲最適於此兩項工作之時，務盼迅卽依此會商妥洽，卽速舉辦，不特兩省防災興利，資之以爲設計實施，卽長江全部之治安福利，亦深爲攸賴也。并盼電復爲荷。中正效機牯

第六節　荊河隄埝之險狀與整理補救之芻議　　章錫綬

（一）荊河情形概要

荊河爲揚子江中游之一部分，自城陵磯對岸之荊河口起，上溯至宜昌止，約千餘里，其間河道灣曲特甚，爲揚子江全流域水患最劇之區。湖北監利縣誌有云：「江之利在蜀，江之患在楚，楚之江患，荊郡其首，監利又荊郡之最也。」可知荊河水患之嚴重，自古已然。

揚子江之上游，兩岸夾山，不易泛溢，下游則水道寬暢，易於排洪。惟荊河一帶，江道窄狹，流水湍急。南岸有山嶺爲之阻隔，洞庭湖爲之蓄洩。北岸則一片平原，完全賴隄埝之保障。而且隄埝內外地勢高低之差，在二、三丈上下。江

陵、監利、沔陽以及潛江、天門、漢陽、漢川等縣，如在釜底，萬一江隄潰決，則一瀉千里，盡成澤國，而漢口市場，亦遭其魚之歎矣。

江流愈曲，險工愈多，此自然之勢也。荊河自藕池口下迄荊河口，長約三百餘里，其間大灣小曲，不下二十餘處，甚至有旱道五六里可達彼端，而水道環繞須七、八十里者。統計荊河兩岸因灣曲而受之險工，何止數十處。其最重要而險象最著，每年工程亦最鉅者，莫若監利縣之上車灣。

（二）上車灣對岸應開鑿引河

查民國以來，上車灣之工程經費，何止四、五百萬。其隄適在江流九十度轉灣之頂端，急流掃射，隄礎壁立，崩潰矬陷之勢，足有駭人聽聞者。以全部之石建挑水壩一座，於一夜之間，矬陷至二丈有餘。其他隨修隨崩，隨築隨坍之情形，層見疊出，無足爲異。往者隄內尚有堅實之平地，以爲退挽月隄步步退讓之計。而自民國十五年車灣潰隄之後，隄內一片沙壤，深至數丈，不能再作挽隄之基礎。故現在之情勢，惟有與水力戰，向外擋護而已。歷年以來，打樁沈船，拋石拋籠，以及沈掃築壩之工，不一而足，歲耗公帑，何止一、二十萬。然其結果，仍屬危在旦夕。錫綬於上車灣工程，苦心經營者三年有餘，對岸之沙洲，因此間石工之應響，逐漸崩坍，而隄之崩潰情勢，較前略差。然以如此灣曲甚大之處，倘不在對岸沙洲開鑿引河，以減流速，爲根本之設計，深恐今日緩和之情形，亦難持久耳。夫上車灣之隄，關係甚鉅，苟一決口，其水可直入沔陽、漢陽而淹至漢口。蓋水流之勢，必走捷徑，車灣既決，水勢可不迴環曲折，走故道而達漢口，今年（二十四年）漢口之所以能免災者，實賴上車灣之未決耳。否則，襄水攻於後，江水阻於前，人力雖足，奚所設施。故揚子江之患，荊河爲甚，而上車灣實荊河之最險處，宜速積極開鑿對岸之引河，以作根本之解決也。

上車灣對岸開鑿引河之說，業經美籍總工程師史篤培之詳細研究，切實勘估，認爲確有開鑿之必要。其計劃自天字一號起，向南直開至磚橋爲止，計五公里，約計工程經費九十餘萬元之譜。此項測繪結果，設計圖表，暨其預算報告書等，早已呈送全國經濟委員會有案，惜尚未實施，致車灣之隄，猶日與江流相搏戰，設或搶救不及，而竟演成揚子江之改道，其患當不堪設想也。

（三）監利縣江隄須加高培厚

荊河北岸之隄埝，自萬城以下，經沙市、郝穴諸鎮，而至拖茅埠，計長二百七十里，謂之荊江大隄（亦名萬城大隄），代設專官，以培修之。自民國以來，改設專局，徵收土費，培修不遺餘力，故其隄身雄厚高大，爲荊河諸隄之冠。自拖茅埠起至荊河口止，計長三百餘里，爲監利縣之江隄，歷來由民間自管自修，分爲上、中、下三汛，每歲舉首事，派土費，集民伕，以修理之。隄身低矮，參錯不齊。自民國十五年後，改由湖北水利局培修，稍有可觀。及二十年大水之後，經全國水災救濟委員會之澈底修築，凡低矮者大都加高至二十年洪水位以上三尺，彼時因監利上下游一帶，悉爲共匪盤據，不能統盤加修，及二十一年匪平之後，復經江漢工程局補修，大致完成。惜限於經費，不能一氣呵成，其不及二十年洪水位以上三尺之隄段，尚有麻布拐、鍾家舖、下車灣及上車灣之街端等處，亟應於最短期內加高培厚，以免意外。

民國二十四年，荆河之洪水位，超出二十年洪水位三尺餘，以致監利江隄三百餘里，無處不需搶築仔隄，隨漲隨築，晝夜不停，集數萬人於隄上，在狂風猛雨之中，拚命搶險，與水爭持者五晝夜，無如水勢之漲，始終不止，隄之低矮處，已在水面之下三、五尺不等，所賴以抵擋泛溢者，僅臨時搶築之蔴袋、草把等仔隄而已。滿江大流，澎湃極點，不破一口，無以消洩。卒在江陵、監利、石首三縣交界處之麻布拐，潰決一口，直灌洪湖。同時上下游南北兩隄潰決之口，不一而足，水勢得有消洩，江水逐漸退落。查麻布拐幹隄之外，尚有三十餘里之灘地，地勢頗高，水之退出口門較早，復因洪湖之容量頗大，故監利縣雖已決口，而爲患尚小。設或潰在車灣，則隄外既無灘地，而江流迫近，將順大灣及潰口之勢，一瀉而淹沔陽、漢陽、漢口等處，不復循其九十度之轉角而走故道矣。此外監利縣江隄著名危險之隄段，如上汛之宋四弓、九月宮，隄身崩潰大半，中汛之代渣段，約長五十里，巨浪打擊，隄面已去十之四、五。下汛之觀音洲隄腳崩坍，大有車灣第二之勢。凡此諸險，在在均需切實修築，預爲防範，倘一失事，其所受災害之嚴重，與決上車灣無異也。在此荆河根本整治問題未解決以前，所當切實注意也。

（四）江陵監利北岸建築蓄水庫

荆河水位之漲落，不若揚子江下游之有規則，而與洞庭湖有密切關係。蓋江流挾數千里建瓴之勢，自宜、渝段之山峽間，直瀉而下，涆激已甚。洞庭又包黔、蜀、粵西、湖南數省之水，南出而橫截於城陵磯，力戰交搏，蹴天關而翻地軸。自城陵磯而下，有道陵磯、白螺磯等，以鎖束之，不得暢流。故當川、湘兩水同時暴發之時，荊河口之出路，幾爲洞庭之水橫截堵塞，洪騰澎湃於監利江面，前無洩路，後有湧水，水面高度由下流逐漸向上游擡高，與平常自然之坡高完全不同，在此情形之下，不破新道，無以消洩，此荊郡之所以向有九穴十三口而爲之分洩也。（九穴者，江陵之郝穴、章卜穴，石首之宋穴、楊林穴、調絃穴、小岳穴，監利之赤剎穴，松滋之章穴，潛江之里社穴。十三口無考，雷霈荊洲方輿書謂以九穴合虎渡、油河、柳子、羅堰爲十三口。）宋以前諸穴皆通，故江患稍差，元、明以後逐漸閉塞，至淸同治年間則僅存石首之調絃一穴而已。咸豐年間藕池口潰決，江水直瀉洞庭，爲今之最大穴口。其他尚有松滋、太平二口，亦爲近代所開洩者。總而言之，自宜昌至荊河口之千餘里間，僅存南岸之松滋、太平、藕池、調絃四口以洩江流而入於洞庭。其北岸則長隄一帶，不許滴水分洩，明、淸時代，每值北隄危急，准予開挖南隄，以消水勢。於是荊河所挾之含沙量，悉入洞庭湖，卒造成湖中新州縣之地面（如南縣全縣及津市之一部分）致蓄水面積日益狹小。故江北之隄，防守愈嚴，即江南之水分洩愈多，亦即江南地面愈見淤高，最近南岸平地之高度，有較北岸平地高出二丈以上者，深恐洞庭湖底，亦將較高於江陵、監利兩縣之平地也。（宜精密測量以供研究）年復一年，洞庭湖底，增高不已，荊河之水，必有不能流入洞庭之一日。而松滋、太平、藕池、調絃諸口，亦必有閉塞之一日。彼時荊河之水無從分洩，勢必擇其地勢低窪之處而灌注之，北岸之隄勢必有自然潰決而返其古來穴口原狀之一日也。且詳加推測，其患或不止此，蓋古時南、北兩岸，同爲平地，倘有洞庭爲之蓄水。今後南岸淤高，北岸仍屬平衍，以地形而論，則將來洞庭北遷，亦屬滄桑應有之變也。深願江陵、監利、沔陽、潛江、漢陽等縣之人民，明瞭此種危機，而主持水利者，亟謀根本治荆之計也。

治荆之計，非經詳密之測量與考慮，不易發言，惟以目前洞庭淤塞之速，與水患逐年增加，不得不亟謀建築蓄水庫，以分洩荆河之水，而使之暫有歸束。蓄水庫之地點，在形勢上觀之，非在北岸不可。江陵縣之茅草湖，及監利縣之洪湖，地勢卑窪，本爲蓄洩內地雨水之用，不妨將其擴大圍垸，建成水庫。在江陵方面，建閘於堆金臺，監利方面，建閘於麻布拐。利用原有內河水道，築圍隄於兩岸，以通水庫，庶幾大水之時，在沙市一帶，有茅草庫以暫蓄之，在車灣一帶，有洪湖庫以緩和之，臨時應急，足以稍解荆隄之危，而免泛溢之害也。舍此之外，惟有盡徙江陵、監利、沔陽三縣低窪處之人民，於湖南西、北及四川或本縣高原之上。放棄三縣之地，以爲大湖，恢復明、宋以前之穴口。使荆河挾多量之沙以淤填之，則不及百年，仍可恢復原狀，而其地面當較高於洞庭矣。不過此舉犧牲太鉅，非有堅忍之決心與強有力之逼迫，不易辦到耳。

(五)取締沿江圍墾

荆隄之外，灘地極廣，本爲排洪之用。乃自前清以來，人烟稠密，大都墾爲民田，私築圍圩，阡陌相連，何止數百萬畝，旋圩旋築，政府不加阻止，以期國課之增收，舍本求末，實違水政之本旨。設或沿江一帶之灘地，一律築爲民垸，則洪潦之時，水無去路矣。而且此項民隄，非特有礙排洪，實更有害幹隄之潰決。每當洪水暴發之時，民隄首先潰決，水勢卽乘其潰決之勢，直沖幹隄，爲害信非淺鮮。查公安、石首、江陵、監利四縣之民垸獨多，壓迫江流，使其無從暢行，無怪四縣之災情獨多也。是宜設法取締，以暢江流。爰貢芻蕘之見，以備高明之擇焉。

（此篇係友人章君近作，所言頗合實際，故列入焉。）

第三章　商榷

第一節　洩流

治水之道多端，要以洩流爲重。孟子曰：「禹疏九河，瀹濟、漯，而注諸海。決汝、漢，排淮、泗，而注之江。然後中國可得而食也。」夫所謂疏者、瀹者、決者、排者，其名雖異，其爲洩水則一也。又告子篇云：「白圭曰：『丹之治水也，愈於禹。』孟子曰：『子過矣，禹之治水，水之道也。是故禹以四海爲壑，今吾子以鄰國爲壑。水逆行，謂之洚水，洚水者，洪水也，仁人之所惡也。吾子過矣。』」夫所謂水之道者，順水之性，而注之海也。以海爲壑，則水治矣。若徒隄之障之，使水逆行，利於此而或害於彼，是違洩流之旨，而非治水之本也。知洩之爲重，不得不求洩之之道，如整理江牀以暢水流，開闢支河以分水量，鑿通穴口以殺水勢，均屬要舉，爰爲詳述，以資商榷。

(一)整理江牀

揚子江之江道，雖不如黃河變遷之速，而日夜經流，漸次汙淺，理勢然也。故觀洲渚之衆多，而知含沙之富，兼悉江身之淺。或寬及數里，或狹僅十丈，深者千尋難測，淺者水涸舟膠，其不規則之現象，愈趨而愈甚。說者謂江形至漢口以下，其狀如瓶之頸，水勢一束，宣洩不暢，易致泛濫。職是之故，故亟宜及早整治，以防止不良變化，淺者浚之，狹者闢之。江身過闊之處，水勢寬緩，易致汙淺者，建築挑水垻、汊港支道之無關蓄洩有分溜勢者，悉行堵塞。其隄線逐漸向下游寬展，以利宣洩。如是則江牀寬深統一，水流集中，可藉沖刷之力而攻泥沙之積，以水治水，得免疏浚之勞，洩流通暢，庶鮮潰溢之患。計之善者，蓋莫逾於此矣。

（二）開闢支河

禹之治水也，播爲九河。江蘇常熟，古名琴川，蓋當時川流横行有七，如七弦琴然。顧亭林之論水利，謂江經而支緯，緯足以受經，故氾災斯澹。是知洩流之道，不得不有賴於支河之分洩也。查江身窄狹之處，或因閭閻繁盛，或因山壁約束，限於形勢，無法放寬，是不能不開闢支河，以謀補救。考覽地形，應開支河之處，約略可言。如漢口爲漢水會注入江之處，適當武、漢間江道狹段，每遇洪潦暴發，江、漢之水，同時奔流，會集於窄道之中，不能一時下洩，遂演成極高之水位。民國二十年及二十四年之水患，皆受此影響。苟能另闢支河以殺水勢，則水有所洩，不致成災矣。岳州爲洞庭湖入江之處，如江、湖並漲，水勢交匯，則渟瀦瀠迴，無法下注。故宜分洩洞庭湖水，使其下至陽新、大冶間入江，則湖南濱湖之水患，當可減少。他如九江爲外江、內湖之地，安慶、蕪湖俱濱江岸，而受皖水與青弋江之衝，亦須開渠分水，以疏導洪流也。

（三）鑿通穴口

考江陵四周，本爲萑洳之場，舊有九穴十三口，以洩川江，厥後逐漸閉塞，明時開浚，僅得其六。淸初北岸惟郝穴一口，南岸惟調弦一口。近百年來，郝穴已塞，而南岸於調弦之外，又增藕池、太平、松滋三口。於是川江之水，直輸洞庭，所挾泥沙，沈澱下積。而湘、資、沅、澧含沙亦富，因江口地勢之漸高，水逆沙迴，沈積日甚，致周圍八百里之洞庭，大半淤淺，長此以往，不思挽救，恐不出百年，將成平陸矣。爲今之計，惟有相度形勢，再開北岸一口，以資調節。蓋江陵左右，本古七澤之區，地勢窪下，水有所洩。如是，則南、北兩岸之水勢平衡，不致專注洞庭，而江流亦得集中水力，以收沖刷之效，此蓋計之善者。說者謂江陵北岸，隄防已固，隄內窪下之地，田於斯宅於斯者將千百年，今一旦以膏腴之土委之於洪水，是直以鄰爲壑，仁者固如是乎。且洞庭湖面邈廣，雖有泥沙之積，仍見浩蕩之勢，以湖受水，固無損於民也。詎不知及此不救，百年以後，湖爲平陸，則水無所歸。一遇洪潦，勢必橫溢北岸，大決隄防，彼時千里汪洋，防無可防，爲害之烈，不堪設想。故不宜狃於一時之苟安，而忽百年之大計，貪此少數之利益，而蒙鉅大之損失也。

第二節　蓄水

治水以洩爲主，已如上述。然有時洪潦過盛，未遑宣洩，不得不有瀦蓄之區，以資容受。說者謂黃河千里一曲，越潼關而入河南、山東之平原，水勢直瀉，旁無瀦蓄之湖沼，每致泛溢成災。而揚子江有洞庭、鄱陽兩大湖爲之調節，水有所受害不時見。故欲免除水患，對於蓄水問題，實有研究之必要也。茲分述如左：

(一)治理湖泊容量

揚子江沿岸湖泊之大者，如湖南之洞庭，江西之鄱陽，安徽之巢湖，江蘇、浙江間之太湖。其次則湖北之洪湖、曹湖及梁子、斧頭等湖，安徽之泊湖、龍宮湖，江蘇之滆湖、石臼湖。其他各省較小之湖沿，尤不可勝計。昔時蓄水之量，固甚豐富。近以湖受江河支流之灌輸，泥沙日增，漸致汙淺。而人民又復狃於近利，就汙圍墾，爭設埂垸，各爲疆域，致湖面日縮，容量驟減。前之以湖而受江，用收調節之效。今或湧江而納湖，反有轂匯之勢。欲水不漫，焉可得哉。爲今之計，亟當規畫湖之應浚者浚之，田之應廢者廢之，埂垻圩圍之不宜留者，悉數拆除之。縱不能恢復舊時之湖面，亦當保持其現有之容量，決不可再使之自由圍墾，而不加以限制者也。

(二)另設蓄水庫

知湖泊容量之日窄，欲一時恢復舊觀，勢所難能，自宜倣照歐西成法，另設蓄水庫，以謀救濟。查江流自三峽以上，水勢湍急，宜昌以下，地勢平衍，其下游受洞庭、襄河二水之頂托，水流不暢，故監利、沔、潛之間，易致漫溢，宜於江陵左近，利用原有之湖泊，加以擴充，施以工程，築建蓄水庫，以備潦時水有所蓄，使下游不致泛溢成災。又如襄河受陝、豫二省之水，懸急奔流，至襄陽以下，地勢較低，過鍾祥而趨漢口，因江水之橫截，水勢更盛，下洩不易，淫溢爲災，亦宜於襄陽附近，相度地形，建造水庫，以爲旱潦之備也。

第三節　隄防

夫能宣洩通暢，容蓄有方，江流之患，自可減少。然伏秋泛汛，洪潦靡常，又不能不有賴於隄防，以爲萬一之備。蓋隄者，抵也。防者，防也。隄防之設，所以抵禦水患而預爲防止者也。查揚子江兩岸幹隄，及支流之隄垸，不下萬餘里，積千餘年之歷史而有此鉅大之工程，公私經營，不遺餘力，兩岸人烟稠密，與水抗爭，水亦決隄以爲患。故隄防之事，亦當與蓄洩並重，雖漢賈讓以隄防爲治水下策，就今日論之，蓋頗屬至要之舉，而不可忽視者也。

（一）整理隄岸

昔之隄岸，各省均各自爲政，並無統一之規劃，故高低不一，坡度不等，其隄線或犬牙相錯，足阻洪水之下注。故今後整理之方針，注意之點有三：

（甲）隄之位置，當按照中水位江牀導線之方向，加以注意，逐漸改良，俾可順導水勢，暢其宣洩。

（乙）隄頂高度，尙須加築，並應高出標準洪水位一公尺，以策萬全。

（丙）建築新隄工程時，土須加硪，以求堅實，每層堆土，厚三十公分，須硪至十公分至十五公分，俾足禦水，不使有浸漏之虞。

（二）植樹護隄

隄之高度及坡度，均有相當標準，對於隄身堅固，能否保持永久，自須加以養護。養護之方，除以人力隨時修補注意外，莫如沿隄植樹，相度情形，每隔五尺或八尺，分別施種。其所植之樹，昔人多以柳，今或擇有收益之林木，先行培養樹苗，分配各區，責成鄉堡長按時種植，並飭其加意保護，勿使掘毀。如是，則將來根株連蔓，隄身可固，以林木之收入而爲養護之經費，蓋一舉而兩得也。且二、三十年之後，木茂成林，則萬里長隄，葱葱鬱鬱，樵牧棲憩，遊侶萃止，則異時沿江之繁盛，當百倍於今日矣。

第四節　造林

江流治本、治標之法，已於前三項言之詳矣。其他經時久而收效大者，莫如造林。林之能含蓄水量，蒸發致雨，足以調節水旱，已爲氣象學者所公認。數百年以前，民力尙厚，山陵谿谷，林木翳蔚，雖水旱間有，非如今日之甚也。近則財力凋敝，斧斤不時，深山窮谷，翦伐殆盡，一遇霖潦，水流奔放，沙崩川決，職是故也。吾越前有耆宿鑒於歷年水災，山洪暴發，漂流人畜，謂「日本多火山，中國多水山」。水山之說，固不足徵實，則童山濯濯，邱土鬆浮，暴雨迅疾，水無止蓄，於是萬壑爭流，建瓴奔逝，若水出山中，似之而實非也。欲山水之稍可留止，莫若多其林木，堅其土性，原有之森林，禁止採伐，再擇相宜地點，逐漸分植，一致督促，以精密之計劃，作大模規之造林。如是，則水旱可以減少，而民食其利矣。

第五節　溝洫

民國二十年揚子江大水以後，二十三年蘇、浙、皖三省百日不雨，又遭旱荒，赤地千里，禾枯木槁，厥狀亦云慘矣。故言水利者，不僅防澇而已，對於備旱，亦須兼籌而顧及也。考神禹治水成功之後，卽致力溝洫，以備旱澇，故民懷其德而謳歌之。孔子曰：「禹吾無間然矣，卑宮室而盡力乎溝洫。」此其證也。蓋溝洫之制，因疆界之宜，而爲水道，使旱有所蓄，潦有所洩，法之良，制之美者。故五代吳越錢武肅王之立國也，築捍海塘以拒潮外，又於浙西多開溝渠，以謀水利，南宋循其成規，不敢稍佚，是以原田膴膴，賦稅資焉。前清賢吏，亦嘗知講溝澮水利。自民十六、七年以後，稅重而租輕，穀賤而傷農，甚或二、五減租，致地價低落，於是人民不以土地爲重，溝洫之壞，棄而不修。蓋佃農衣食不暇，固無力修治，而業主以得不償失，亦聽其自然，互相推諉，卒以交斃，社會人士，復不加以注意，故水卽成災，旱卽致患，此人謀之不臧，未能盡諉諸天時也。前軌不遠，舊迹猶存，亟宜恢復溝洫，講習水利，俾旱澇有備，生產漸增，庶幾農村之復興可期，而於江河之治理，亦有莫大關係焉。

附參考書目及各縣調查實錄

尚書
水經
行水金鑑
續行水金鑑
江南通志
江西通志
湖廣通志
湖北通志
湖南通志
四川總志
河渠紀聞
河工圖說
東南利便書
天下郡國利病書
揚州府志
常州府志
蘇州府志
襄陽府志
安鄉州志
吳江縣志
蕪湖縣志
巴陵縣志

南城縣志

湘陰縣志

岳州府隄防考略

江陵隄防考略

白茆河水利考略

薈蕞 清 俞樾 著

太平雜誌

揚子江漢口吳淞間整理計劃草案

內政部湘鄂湖江水文總站二十二年測驗報告

揚子江水道季刊

揚子江水利委員會二十四年防汛會議紀錄

益陽縣志

荊州府萬城大隄志

常德府隄防考略

沔陽州隄防考略

澧縣水道圖說

密勒評論

湖北金水整理計劃草案

國民政府救濟水災委員會報告書

揚子江防汎專刊

全國水利會議二十四年開會紀錄

各縣調查實錄

四川 南溪

四川 長壽

四川 江安

四川 涪陵

四川 酆都
四川 巫山
湖北 枝江
湖北 監利
湖北 鄂城
湖北 廣濟
湖北 襄陽
湖南 澧縣
湖南 桃源
湖南 衡陽
江西 彭澤
安徽 望江
安徽 銅陵
江蘇 江寧

四川 萬縣
湖北 當陽
湖北 武昌
湖北 陽新
湖北 鄖縣
湖北 潛江
湖南 臨湘
湖南 沅江
江西 吉水
安徽 東流
安徽 南陵
江蘇 江浦

江蘇江都

江蘇南通

江蘇寶山

江蘇無錫

江蘇常熟

江蘇太倉

江蘇川沙

江蘇松江